木のタネ検索図鑑

― 同定・生態・調査法 ―

小南陽亮・田内裕之・八木橋勉
編著

文一総合出版

木のタネ検索図鑑
－識別・生態・調査法－

小南陽亮・田内裕之・八木橋勉　編

はじめに

　タネの世界は，不思議に満ちています。多種多様なタネの形には，その機能になるほどと納得させられるものもあれば，その形である理由を想像すらもできないものまであります。それらの個性的な形に，造形的な美しさを感じる人も少なくないでしょう。タネの生態にも，興味深いエピソードがたくさんあります。植物は，いったん根を張るとその場を動けない生き物ですが，タネの時だけは別です。あるものは動物に運ばれ，または風まかせに飛び，中には水の流れにまかせて旅することもあります。たどりついた先では，せっかちに芽を出すものもいれば，数十年もの眠りにつくものもいます。

　このように，タネは私たちの自然への好奇心を十分満たしてくれる存在です。また，タネは植物の一生の中でとても大切な役割を果たしているため，例えば，自然豊かな森づくりを試みたり，傷んだ生態系の修復をしようとするような場合には，タネのことも考えに入れる必要があります。タネには，自然の楽しみ方を増やす，自然に対する活動をより充実したものにする，森林や生態についての研究で新たな発見をもたらすなど，さまざまな可能性が秘められているといえるでしょう。

　本書は，そのようなタネへのアプローチを手助けするためにつくられました。種類を知ることは，自然に接する第一歩ですが，はじめてタネに触れた人がその種類を識別するのはむずかしいことでした。そこで，本書の前半は，あたかもタネの標本を蒐集している研究者のように，タネの標本を見比べながら種類を検索して調べられる図鑑となっています。後半は，タネに関するさまざまなトピックスを収録した小事典です。タネの生態について知りたいことがあれば，どれかのトピックスが答えてくれるでしょう。野外活動や卒業論文の研究でタネを活用することのヒントが得られるかもしれません。

　まずは，本書を片手に，不思議なタネの世界に一歩踏み込んでみてください。

この本は，大きく分けて図鑑部分「木のタネ標本館」（p. 5～216）と事典部分「木のタネ事典」（p. 218～281）で構成されています。木のタネの種類を識別したり，木のタネの生態や調査法を調べるなど，さまざまな用途に使うことができます。参考までに，「こんな時には，このページを見る」をいくつか挙げてみました。

タネの種類を調べたい
- 野外で採取したタネの種類を調べたい。　　　　　　　　　　12～171
- 鳥が庭に落としていったタネの種類を調べたい。　　　　　　12～104
- どんぐりの見分け方や生態を調べたい。　　　　　13～21, 164～171

木のタネ事典
- タネや木の実の生態をいろいろ知りたい。　　　　　　　　168～281
- タネの発芽に関する生態を知りたい。　　　　　　　　　　234～239
- タネが遠くに運ばれる仕組みを知りたい。　　　　　　　　242～249
- 風で運ばれるタネには何があるか知りたい。　　　　　　　104～119
- 木の実と動物の関係を知りたい。　　　　　　　　　　　　244～247
- 鳥の食べ物になる木の実には何があるか知りたい。　　　　244～247
- 木の実を食べる動物について知りたい。　　　　　　　　　268～281

タネについての野外活動や研究のヒントを探したい
- 木の実を使った野外活動のテーマを考えたい。　　　　　　218～233
- 森林の保全や森づくりの活動で，木の実を対象に研究を始めたい。　226～281
- 木の実についてのいろいろな調査法を知りたい。　　　　　253～267
- タネの発芽実験の方法を調べたい。　　　　　　　　　　　238～239
- タネの生産量や散布量を調べたい。　　　　　　　　　　　253～267
- タネが動物に食べられる量を調べたい。　　　　　　　　　256～258
- 木の実を食べる動物を調べる方法を知りたい。　　　　　　276～277
- 土に埋もれたタネを調べる方法を知りたい。　　　　　　　220～223

2016 年夏　　　編者

目 次

はじめに……………………………………………… 2

木のタネ標本館
　検索の基本……………………………………… 6
　検索で使用する用語について………………… 7
　「タネのデータベース」について…………… 10
　最初の検索表…………………………………… 12
　ブナ科堅果の標本室…………………………… 13
　大型種子の標本室……………………………… 21
　中型種子の標本室……………………………… 29
　小型種子の標本室……………………………… 87
　風散布種子の標本室…………………………… 105
　タネのデータベース…………………………… 120

木のタネ事典
　森の中のタネ…………………………………… 218
　タネの発芽と休眠……………………………… 234
　さまざまなタネの散布手段…………………… 240
　タネを運ぶ動物とその調査方法……………… 268

用語解説…………………………………………… 282
参考文献…………………………………………… 285
索引………………………………………………… 286
執筆者一覧………………………………………… 297

ミニコラム
①どんぐりの殻斗と花柱 14　②大型種子の散布 22
③木の実の色 33　④ケヤキの葉は翼になる 40
⑤サクラのタネは核 53　⑥シキミとトウシキミ 86
⑦イチゴのタネは果実 92　⑧カエデのタネの飛び方 99
⑨松ぼっくりは果実？ 102　⑩変わった形のタネ 112

木のタネ
標本館

小南陽亮
竹下慶子
田内裕之
八木橋勉

「木のタネ標本館」には次の5つの部屋があります。

ブナ科堅果の標本室
大型種子の標本室
中型種子の標本室
小型種子の標本室
風散布種子の標本室

この5つの部屋に，370種類の樹木のタネが納められています。検索表を使って，見つけたタネを調べてゆきましょう。

■検索の基本

日本には約1,000種類（亜種や変種を含む）の樹木が生育しています。この本では，そのうちの370種類を掲載し，外見の特徴からタネの種類を調べられるように工夫しています。木のタネには，形，大きさ，表面の凹凸や模様など，いろいろな特徴があります。それらの特徴を組み合わせて，種類を識別してゆきます。この検索表を使うことで，一般に見られる多くの木のタネの種類を明らかにすることができます。

まず，12ページの「最初の検索表」を見て下さい。この表では，主に大きさでタネをタイプ分けしています。調べたいタネのタイプがわかったら，そのタイプの「標本室」のページを開き，検索を始めます。

それぞれの検索表は，右のような構成が基本になっています。タネをよく観察し，それぞれの特徴に該当する欄を探します。例えば，特徴1が△で，特徴2がBならば，「お」の欄をチェックします。

チェックした欄に写真が載っていたら，検索終了です。示されたページは，「タネのデータベース」のページです。このページには，その種類のより詳しい情報を掲載しています。

写真が載っていない場合は，検索続行です。次に見るべき検索表を示してありますので，そのページに移動し，同じように調べていって下さい。

	特徴2		
特徴1	A	B	C
○	あ	い	う
△	え	お	か
☆	き	く	け

検索表の使い方・凡例

ブナ科堅果のタイプ

シイ類
ブナ類

コナラ類
マテバシイ類

アカガシ類

クヌギ
アベマキ
カシワ

本書で使用する堅果各部の名称

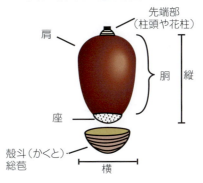

検索で使用する用語について

　タネの特徴を表す用語には独特のものがあります。ここでは，本書で使用する用語について解説します。

●ブナ科の堅果に関する用語

　ブナ科の果実は，堅果（けんか）と呼ばれます。また，一般的にはブナ科のうちコナラ属の堅果は「どんぐり（団栗）」とも呼ばれます。シイ属やマテバシイ属のもコナラ属と似ていますが，食用になるため「どんぐり」とは呼ばないとする意見もあります。ただし，「どんぐり」という言葉自体は俗称であり，学術上の厳密な定義はありません。

　ブナ科の堅果は褐色の堅い果皮に包まれていて，先端には柱頭・花柱（めしべの一部）が短く残存しています。後端は殻斗（かくと）（お皿）に包まれています。熟した堅果は容易に殻斗から脱落し，堅果の後端には座と呼ばれる落痕が残ります。殻斗は総苞ともよばれ，総苞片（鱗片）が瓦重ね状や環状に覆っています。

●全体と端の形

　タネの形は多様で，全体の形をp.8のような用語で表現します。タネの端の形については葉の端の形を表す用語と同じものを使っています。

表面の凹凸と模様

　タネの表面にみられる凹凸や模様のパターンについては，p.9の図のように表現します。基本的には肉眼や低倍率のルーペで確認できる凹凸と模様を対象にしています。その確認に10倍以上のルーペか実体顕微鏡が必要な場合には，「微細な凹凸」というように表します。模様

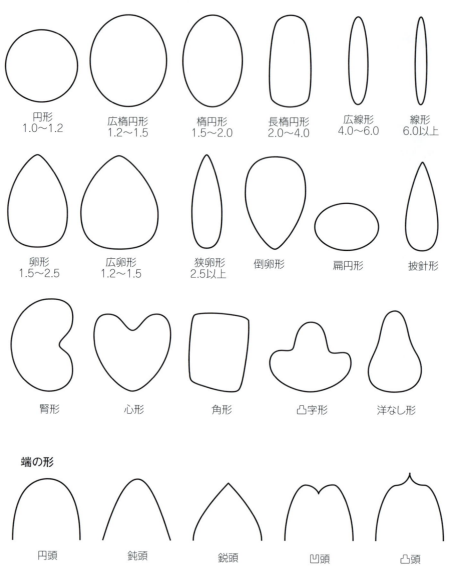

については，色彩によるものと，微細な凹凸が組み合わさって模様のように見えるものとがあります．

断面の形

断面とは，右図のようなタネの横断面の形のことです．円形，やや扁平，扁平，

表面の凹凸

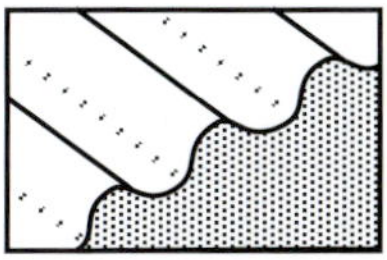

波状／網状／しわ／線状／不規則

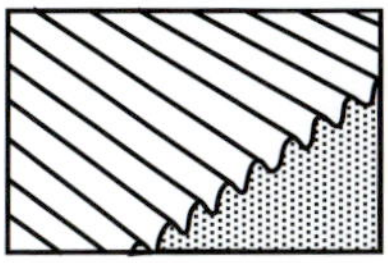

断面の形（例）

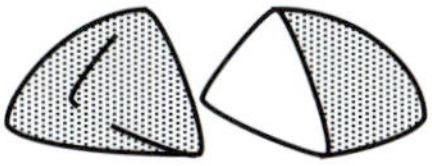

三角状／扁平

突起の形

半球状／楯状／円錐状／柱状

表面の模様

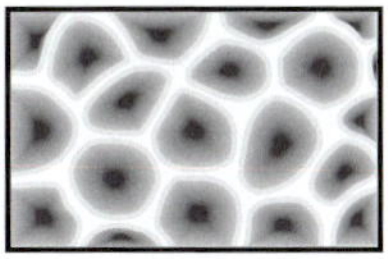

網目状／粒状／亀甲状／繊維状

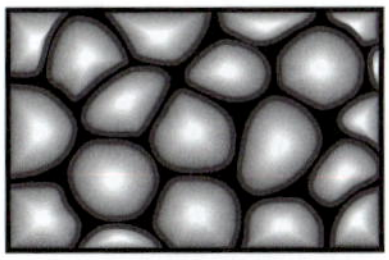

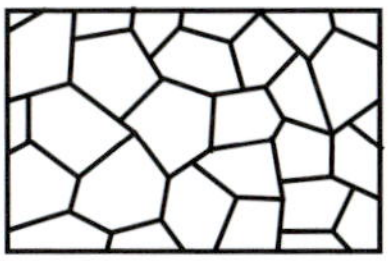

溝・条・稜

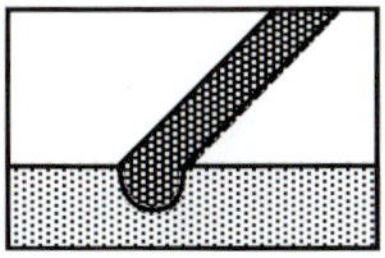

溝／条／稜

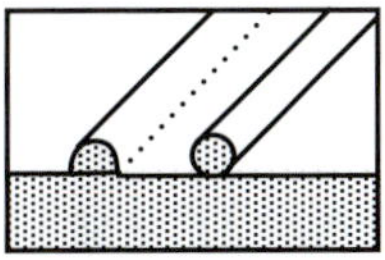

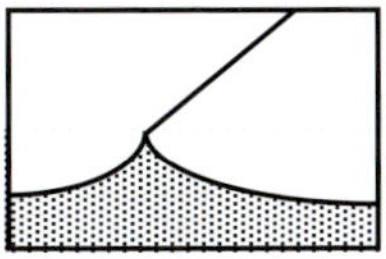

扇状，半円状，三角状，角形状，凸字形に区分しています。やや扁平は，タネの厚さ／幅の比率が0.5〜0.8のもの，扁平は0.5未満のものです。扇状は扇を広げたような形です。その他の形については，全体の形を参照してください。

突起の形

タネの端などにみられる突起の形は，上図のように表現します。

溝・条・稜

上図のように，タネの表面にみられる

検索表の使い方・凡例

9

線状の凹みを「溝」，線状の凸部を「条」と呼びます。また，表面が角をつくって曲がっている場合，その部分を「稜」と呼びます。

光沢

タネ表面の光沢については次のように区分しています。

ない：明るい光の下でも肉眼でははっきりしない。
ややある：デスクライトや日光など明るい光の下では肉眼ではっきりわかる。
ある：室内照明下でも肉眼ではっきりわかる。
明瞭：極めて強い。

「タネのデータベース」について

「タネのデータベース」（p. 120〜216）では，タネを最も広い面から撮影した写真を示しました。必要に応じて，ちがう方向から撮影した補助写真を示している場合があります。タネのサイズを示したクリーム色のボックス内の写真は，実際の大きさ（原寸大）です。

タネの識別は難しい場合が多く，タネを採集した季節や場所なども参考にする必要があります。そのため，識別の参考になるような一般的な特徴を示してあります。それぞれの特徴は以下のような意味をもちます。

●生育型

高木：成木で樹高10 m以上になる。森林では亜高木〜高木層を構成。
小高木：成木で樹高が数m〜十数m程度。森林では低木層〜亜高木層を構成。
低木：成木で樹高8 m未満。多くは数十cmから3 m程度。森林では低木層を構成。
つる：木性のつる植物。

●木のタイプ

常緑広葉樹：冬季でも緑色の葉をつけている広葉樹。
落葉広葉樹：秋〜冬季に落葉する広葉樹。
針葉樹：裸子植物のうちマツ科，スギ科，コウヤマキ科，ヒノキ科，マキ科，イヌガヤ科，イチイ科の属する木。ほとんどの種では葉が針状に細くなるが，ナギのように葉が広いものもある。多くは常緑性で，本書ではメタセコイアのみ落葉性。なお，針葉樹以外の裸子植物については単に「落葉樹」，「常緑樹」と区分した。

●果実のタイプ

堅果：ブナ科のどんぐり（p. 7参照）のように乾燥した堅い果皮をもつ果実。
多肉果：鳥類や哺乳類の食物となる果皮（いわゆる果肉）をもつ果実。動物に食べられてタネが運ばれる。

検索表の使い方・凡例

さく果：成熟すると乾燥した果皮が裂開して，中からタネが現れる果実。
翼をもつ果実・種子：カエデ科の翼果のようにタネに翼がついている果実やマツ科のように翼をもつ種子。風に飛ばされて運ばれる。データベースでは翼果状の堅果やさく果も「翼果」と区分した。
豆果：マメ科の果実。
裸子植物の種子：裸子植物には子房に由来する果皮がないので，果実のように見えても果実とは言わない。「データベース」では，翼をもつ種子を「有翼種子」，その他の種子を「種子」と区分した。
その他：上記以外の袋果，痩果，分果など。

●主な果期

タネが成熟する時期です。地域によっては多少前後します。また，各季節の前半を「初」，後半を「晩」と表現します。
秋：9月〜11月頃に成熟。
冬：11月以降に成熟。冬の間も木に着いたままのことが多い。
春：3月〜5月に成熟。
夏：6月〜9月上旬に成熟。

●主な分布

その種が多くみられる気候帯や垂直分布を示したものです。ただし，示した以外の環境で自生することもあれば，植栽されることもあります。外来種で，主に庭園や街路樹に植栽されるものは平野部に区分しています。

気候帯
亜熱帯：主に南西諸島や小笠原などに分布。
暖温帯：常緑広葉樹林が多い地域に主に分布。
冷温帯：落葉広葉樹林が多い地域に主に分布。
温帯：暖温帯と冷温帯の両方に分布。
亜寒帯・亜高山帯：高標高域や北海道の針葉樹林が多い地域に主に分布。
外来：外来種。（　）内に原産地の気候帯を示す。

垂直分布
亜高山：針葉樹林が多い高標高域。
山地：標高数百m程度の山地。
里地・里山：丘陵地やそれに隣接する農地など。
平野部：平野部の農地，社寺林，集落，都市など。
海岸：海岸林や海浜など。

●タネのサイズ

タネの広い面での長径と短径を記載しています。どちらが縦，横の長さであるかは写真から判断できます。数値は0.5mmきざみの範囲で表しています。範囲が狭い場合には，例えば「1 mm前後」というように表現しています。タネのサイズは，個体や地域によってばらつきがあるため，記載の値は大まかな目安です。数値の下に，原寸大の写真を示しました。

●堅果の殻斗

ブナ科に関する用語（p. 7）を参照。

最初の検索表

		タネの大きさ		
		短径1cm以上	短径1cm未満 小型でない	短径2mm未満 長径3mm未満
タネのタイプ	ブナ科堅果 (どんぐり)	「ブナ科堅果の標本室」へ ➡p. 13		
	風散布種子 (下記参照)		「風散布種子の標本室」へ ➡p. 105	
	その他	「大型種子の 標本室」へ ➡p. 21	「中型種子の 標本室」へ ➡p. 29	「小型種子の 標本室」へ ➡p. 87

風散布種子

翼や毛があり,風で運ばれる種子。3つのタイプがある。

●翼をもつ　　　　　●冠毛や長毛をもつ　　　　　●果苞や心皮につく

例:イロハモミジ　　例:テイカカズラ　　例:イヌシデ

ブナ科堅果の標本室

ブナ科堅果の標本室チャート

- ❶ブナ科堅果（どんぐり）の最初の検索表
  - ❷ブナ属の標本箱
  - ❸マテバシイ属の標本箱
  - ❹コナラ・シイ属の標本棚
    - ❺シイ属の標本箱
    - ❻コナラ属の標本棚
      - ❼コナラ属の標本箱①
        - ❾コナラ属の標本箱①-A
          - ❿コナラ属の標本箱①-A-1
      - ❽コナラ属の標本箱②
        - ⓫コナラ属の標本箱②-A
          - ⓭コナラ属の標本箱②-A-1
        - ⓬コナラ属の標本箱②-B

ブナ科の堅果の用語についてはp. 8を参照

❶ブナ科堅果（どんぐり）の最初の検索表

		断面の形（タネの横断面の形）		
		三角状	円形	半円状形・やや扁平
座の形	円形でくぼむ		❸マテバシイ属の標本箱へ ➡p. 20	
	円形で平坦または突出		❹コナラ属・シイ属の標本棚へ ➡p. 15	
	三角形／楕円形／半円形／半楕円形	❷ブナ属の標本箱へ ➡p. 20		確定!! クリ データベース ➡p. 164 

ミニコラム① どんぐりの殻斗と花柱

　どんぐりの先端には、小さな突起のようなものがあります。これは、花の時に花柱であったものが部分的に残存したものです。一方、どんぐりの後端（枝に着く方）には、殻斗と呼ばれるぼうし状のものが着いています。これは花の基部にあった苞（苞葉）という葉の集まり（総苞）が変化したものです。これら花柱の名残りと殻斗の様子は種類によって違うので、どんぐり全体の大きさや形に加えて、花柱と殻斗の特徴に注目することがどんぐりの種類を見分けるコツになります。

ブナ科堅果の標本室

検索表 p.14 ❶から **❹コナラ属・シイ属の標本棚**

以下の特徴がすべて当てはまる ●堅果の形は卵形・広卵形・円形のいずれか ●幅10 mm未満 ●頂部に微小または径1 mm程度の柱頭が粒状に残る ●頂部の周囲には毛は密生しない	❺シイ属の 標本箱へ
上の特徴にあてはまらないものがある	❻コナラ属の 標本棚へ ➡p.16

検索表 p.15 ❹から **❺シイ属の標本箱**

全体の形は 広卵形または円形 長径：9〜15 mm 短径：6〜11 mm		確定!! ツブラジイ データベース ➡p.164 
全体の形は 狭卵形または円形 長径：13〜20 mm 短径：7〜10 mm	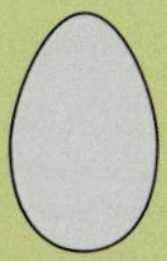	確定!! スダジイ データベース ➡p.164 

ブナ科堅果の標本室

検索表 p.15 ❹ から

❻ コナラ属の標本棚

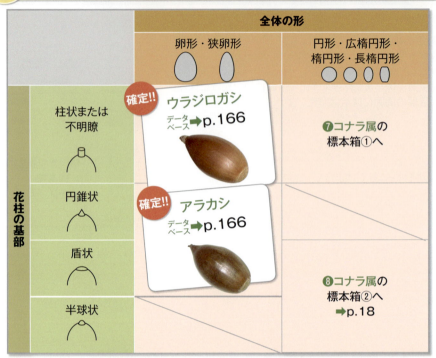

検索表 p.16 ❻ から

❼ コナラ属の標本箱①

ブナ科堅果の標本室

検索表 p.16 ❼から ❾ **コナラ属の標本箱①-A**

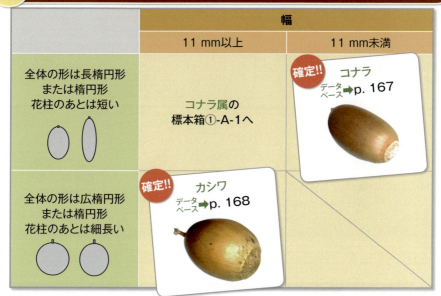

検索表 p.17 ❾から ❿ **コナラ属の標本箱①-A-1**

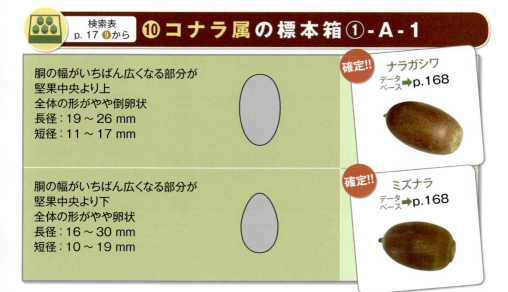

17

検索表 p.16 ❻から ❽コナラ属の標本箱②

幅は 15 mm 未満 全体の形は楕円形, 長楕円形, 広楕円形		コナラ属の 標本箱②-Aへ
幅は 14 mm 以上 全体の形は広楕円形または円形	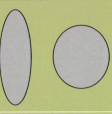	コナラ属の 標本箱②-Bへ ➡p.19

検索表 p.18 ❽から ⓫コナラ属の標本箱②-A

幅は 12〜20 mm 全体の形は 楕円形または広楕円形 花柱には そりかえった柱頭が残る		確定!! シラカシ データベース ➡p.169 
幅は 15 mm 以上 全体の形は楕円形または 長楕円形で, やや倒卵状 花柱には柱頭が残るが, 反り返ることは少ない		コナラ属の 標本箱②-A-1へ ➡p.19

⑬ コナラ属の標本箱②-A-1

検索表 p.18 ⑪から

⑫ コナラ属の標本箱②-B

検索表 p.18 ⑧から

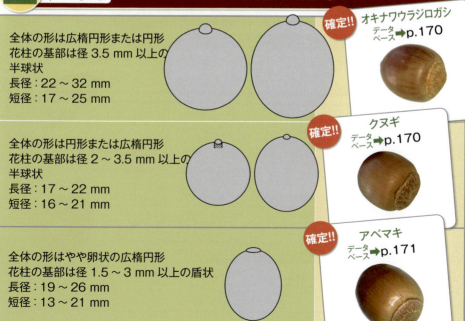

ブナ科堅果の標本室

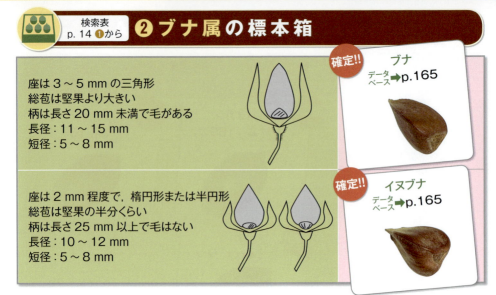

❷ ブナ属の標本箱
検索表 p.14 ❶ から

- 座は3～5 mm の三角形
- 総苞は堅果より大きい
- 柄は長さ20 mm 未満で毛がある
- 長径：11～15 mm
- 短径：5～8 mm

確定!! ブナ データベース ➡ p.165

- 座は2 mm 程度で，楕円形または半円形
- 総苞は堅果の半分くらい
- 柄は長さ25 mm 以上で毛はない
- 長径：10～12 mm
- 短径：5～8 mm

確定!! イヌブナ データベース ➡ p.165

❸ マテバシイ属の標本箱
検索表 p.14 ❶ から

- 全体の形は長楕円形・楕円形・卵形のいずれか
- 縦の長さは20 mm 以上

確定!! マテバシイ データベース ➡ p.165

- 全体の形は広楕円形または広卵形
- 縦の長さは20 mm 未満

確定!! シリブカガシ データベース ➡ p.166

＊座はシリブカガシの方が深くくぼむ。

大型種子の標本室

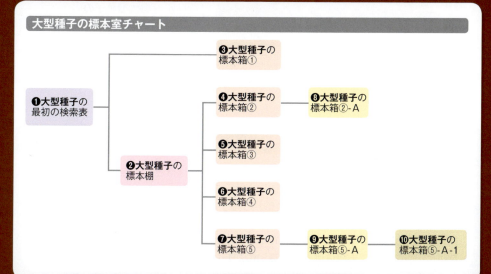

大型種子の標本室チャート

- ❶ 大型種子の最初の検索表
  - ❸ 大型種子の標本箱①
  - ❷ 大型種子の標本棚
    - ❹ 大型種子の標本箱②
      - ❽ 大型種子の標本箱②-A
    - ❺ 大型種子の標本箱③
    - ❻ 大型種子の標本箱④
    - ❼ 大型種子の標本箱⑤
      - ❾ 大型種子の標本箱⑤-A
        - ❿ 大型種子の標本箱⑤-A-1

大形種子の標本室

❶大型種子の最初の検索表

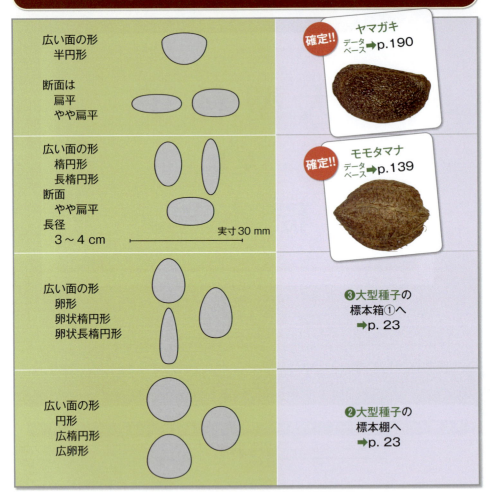

広い面の形		確定!! ヤマガキ データベース ➡ p.190
半円形 断面は 扁平 やや扁平		
広い面の形 楕円形 長楕円形 断面 やや扁平 長径 3〜4 cm	実寸30 mm	確定!! モモタマナ データベース ➡ p.139
広い面の形 卵形 卵状楕円形 卵状長楕円形		❸大型種子の 標本箱①へ ➡ p.23
広い面の形 円形 広楕円形 広卵形		❷大型種子の 標本棚へ ➡ p.23

ミニコラム② 大型種子の散布

　ヤブツバキなどの大型種子は、風に飛ばされることはほとんどありませんし、鳥に食べられて運ばれることもできません。かつては、それらのタネはただ親木の直下に落ちるだけと考えられ、「重力散布」の種子と呼ばれていました。しかし、近年、ドングリがネズミなどに散布されることがわかってくると、他の大型種子でも動物に運ばれている例が報告されるようになりました。運ばれる手段をもたずに落ちるだけというタネは、実際はほとんどないのかもしれません。

大形種子の標本棚

検索表
p.22 ❶から
❷大型種子の標本棚

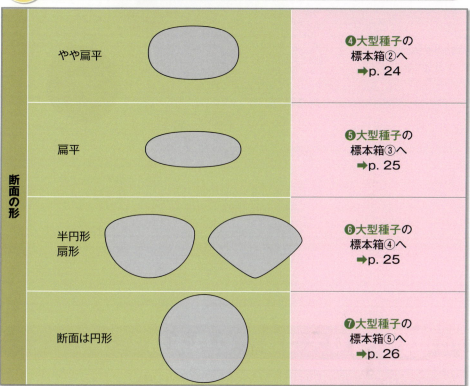

検索表
p.22 ❶から
❸大型種子の標本箱①

大型種子の標本室

検索表 p.23 ❷ から

❹ 大型種子の標本箱②

臍が全体の半分近くを占める	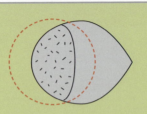	確定!! **トチノキ** データベース→p.181
臍は小さい	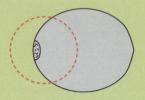	❽大型種子の標本箱②-Aへ

検索表 p.24 ❹ から

❽ 大型種子の標本箱② - A

長径は4cm程度 表面に低い網状の凹凸がある 浅く広い溝が4本ある	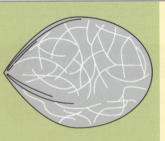	確定!! **ソテツ** データベース→p.122 
長径2cm未満 表面に低いしわ状の凹凸がある 溝はない		確定!! **ビワ** データベース→p.148 

大型種子の標本室

検索表 p.23 ❷から

❺ 大型種子の標本箱③

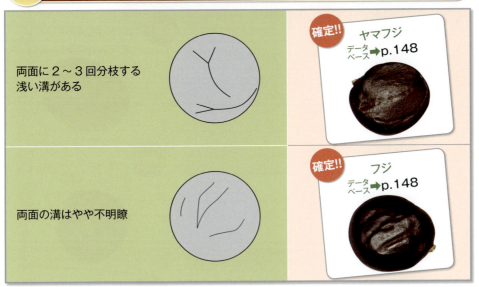

両面に2〜3回分枝する浅い溝がある		確定!! ヤマフジ データベース ➡p.148
両面の溝はやや不明瞭		確定!! フジ データベース ➡p.148

＊表面の溝や大きさなど両者の特徴には中間的なものもあり、識別は難しい

検索表 p.23 ❷から

❻ 大型種子の標本箱④

臍のある一端から背面1/4程度まで伸びる太い管状の条がある		確定!! ヤブツバキ データベース ➡p.187
明瞭な条はない		確定!! サザンカ データベース ➡p.188

❼ 大型種子の標本箱⑤

 検索表 p.23 ❷ から

両端に放射状に並ぶ楕円形～長楕円形の窪みが各5つある		確定!! チャンチンモドキ データベース ➡ p.181
一端に広楕円形～楕円形の窪みがある		確定!! チャノキ データベース ➡ p.188
一端に線形の深い窪みがある		確定!! ムクロジ データベース ➡ p.181
不定形の黒い窪みが全体に散在し、条の両側では一列に並ぶ		確定!! オニグルミ データベース ➡ p.175 
明瞭な窪みはない	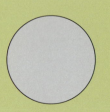	❾ 大型種子の標本箱⑤-Aへ ➡ p.27

検索表 p.26 ❼から ❾ **大型種子の標本箱⑤ - A**

表面の半分に稲妻様の低い
線状凹凸がある

条はない

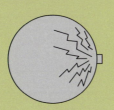

確定!! テリハボク
データベース → p.145

表面の一部に低い
しわ状凹凸がある

条はない

確定!! ナギ
データベース → p.125

表面に凹凸はない

一周する低い条がある

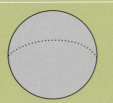

❿大型種子の
標本箱⑤-A-1へ

 検索表 p.27 ❾から ❿ **大型種子の標本箱⑤ - A - 1**

表面は暗褐色で
黄褐色粉を帯びる

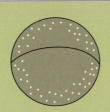

確定!! アブラチャン
データベース → p.130

表面は黒褐色で，
粉白を帯びる

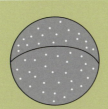

確定!! シロモジ
データベース → p.130

中型種子の標本室

中型種子の標本室のチャート

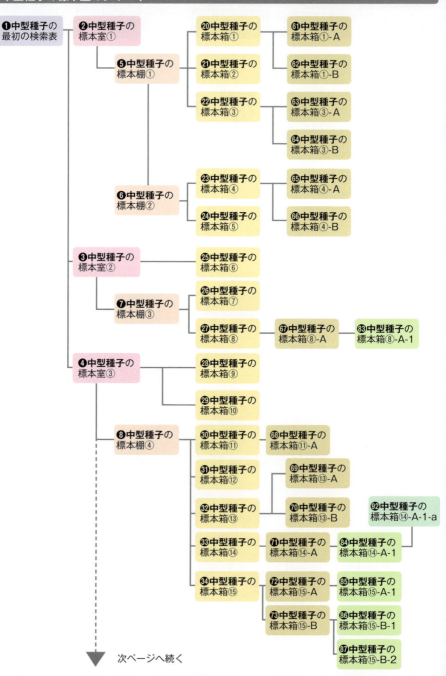

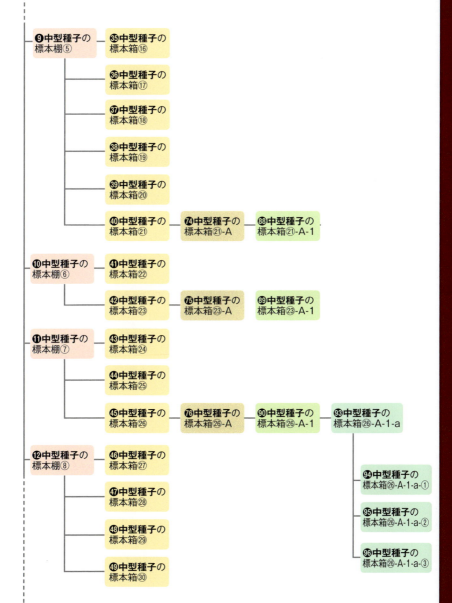

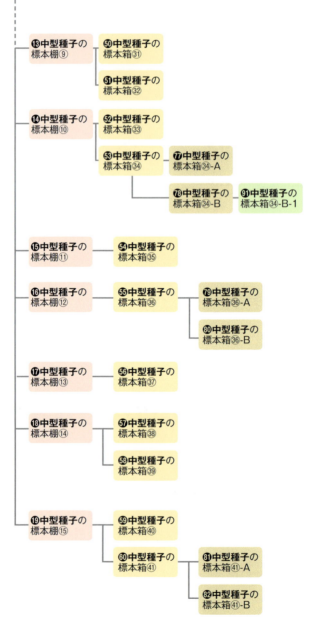

❶中型種子の最初の検索表

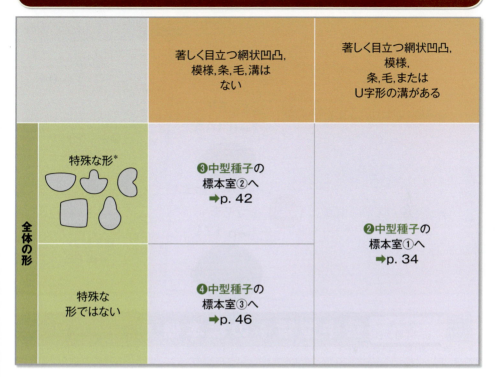

＊椀形,凸字形,腎形,腎形状,角形,角形状,洋なし状。ただし腎形状円形は除く

ミニコラム❸ 木の実の色

　動物に食べられる木の実の多くは、目立つ色をしています。赤、黒、青、紫、白、黄、ピンクなど様々な色の実があります。これらの色は、タネを運んでくれる動物に見つけてもらいやすい色だと考えられます。この中で、木の実の色としては赤と黒が圧倒的に多いのですが、赤はともかく、黒は目立たない色のように思えます。しかし、鳥は黒い色の果実にもよく集まることから、自然の中では意外と目立つのかもしれません。果実の色については、p.245 も参照して下さい。

中型種子の標本室

検索表 p.33 ❶から

❷ 中型種子の標本室①

検索表 p.34 ❷から

❺ 中型種子の標本棚①

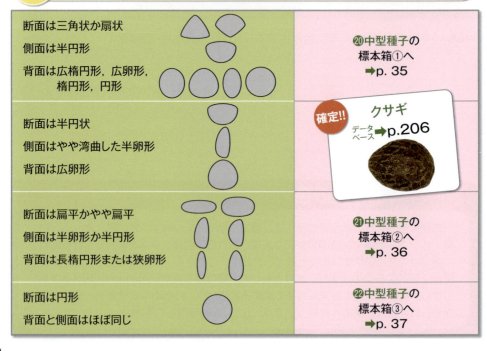

中型種子の標本室

検索表 p.34 ❺から
⓴ 中型種子の標本箱①

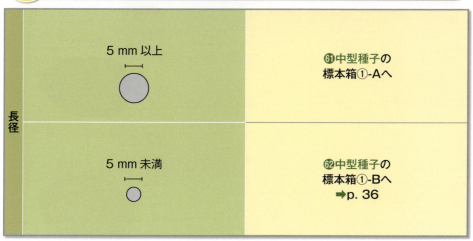

検索表 p.35 ⓴から
� 中型種子の標本箱①-A

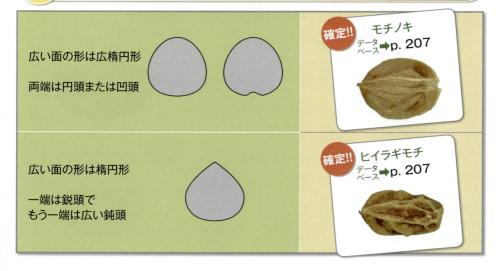

中型種子の標本室

㉒ 中型種子の標本箱①-B

検索表 p.35 ⑳から

表面に網状の凹凸があり，凸部は鋭い		**確定!!** シイモチ データベース ➡ p.207
表面に網状の凹凸があり，凸部はやや太く鈍稜状		**確定!!** タラヨウ データベース ➡ p.208 

㉑ 中型種子の標本箱②

検索表 p.34 ⑤から

長径 4.5 mm 以上 表面を1周する条はない 両端は円頭		**確定!!** ハナイカダ データベース ➡ p.207 
長径 4.5 mm 未満 背腹を1周する条がある 一端は広い鈍頭	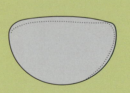	**確定!!** クロイチゴ データベース ➡ p.154

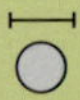

中型種子の標本室

検索表
p. 34 ❺ から

㉒ 中型種子の標本箱③

広い面の形は 広卵形		確定!! ヒトツバタゴ データベース ➡ p.203 
広い面の形は 楕円形，狭卵形 または卵形		㊳中型種子の 標本箱③-Aへ
広い面の形は 長楕円形		㊴中型種子の 標本箱③-Bへ ➡ p. 38

検索表
p. 37 ㉒ から

㊳ 中型種子の標本箱③-A

長径は 11 mm 未満 広い面の形は 楕円形または卵形		確定!! リンボク データベース ➡ p.151 
長径 13 mm 以上 広い面の形は 狭卵形または卵形		確定!! バクチノキ データベース ➡ p.151 

37

中型種子の標本室

検索表 p.37 ㉒から
❻④中型種子の標本箱③-B

表面の網状の凹凸	葉脈様の細溝の間が隆起することでできている	確定!! ホルトノキ データベース→p.146
	太い条が分枝することによってできている	確定!! ウスギモクセイ データベース→p.205

検索表 p.34 ❷から
❻中型種子の標本棚②

表面	U字形の溝がある	確定!! モッコク データベース→p.189
	目立つ条がある	㉓中型種子の標本箱④へ →p.39
	目立つ模様がある	㉔中型種子の標本箱⑤へ →p.41

検索表 p.38 ❻から ㉓ 中型種子の標本箱④

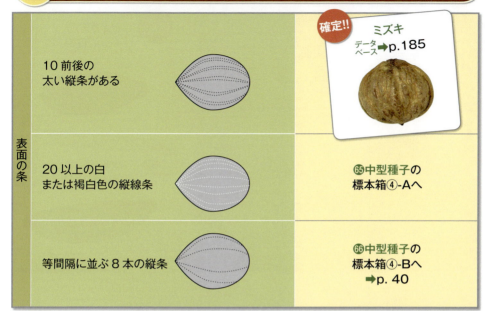

検索表 p.39 ㉓から ㉕ 中型種子の標本箱④-A

中型種子の標本室

検索表 p.39 ㉓から **66 中型種子の標本箱④ -B**

ミニコラム④ ケヤキの葉は翼になる

　樹形が美しいケヤキは、街路樹や庭園木として植栽される代表的な木です。秋にはケヤキの木の近くで、小さな数枚の葉と数個のタネをつけた3〜5cmぐらいの小枝がたくさん落ちていることがあります。ケヤキのタネには翼や冠毛はなく、タネだけでは風に運ばれません。そのかわり、タネと葉をつけた小枝ごと落とすことで、葉が翼の役割を果たして、風に運ばれるのです。その小枝の葉は、タネのついていない枝にある通常の葉よりは随分小さく、タネを飛ばす機能をもった特殊な葉のようです。ケヤキの実が豊作の年には、この身近な木のタネを飛ばすためのちょっと変わった工夫を観察してみてはいかがでしょうか。

　本書では、タネ自体に翼がないため、検索の都合上ケヤキは「中型種子の標本室」に収めています。

検索表 p.38 ❻から

㉔ 中型種子の標本箱 ⑤

特徴	図	種類
淡褐色または灰褐色の地に灰黒色の斑紋がある 広い面の形は広卵形または広楕円形 長径 4〜5 mm		確定!! **ニガキ** データベース ➡ p.183
淡褐色の地に黒褐色の斑紋がある 広い面の形は円形 長径 7〜9 mm	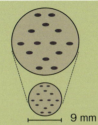	確定!! **シラキ** データベース ➡ p.144 
灰色の地に赤褐色の斑紋がある 広い面の形は円形 長径 4〜5 mm		確定!! **カナクギノキ** データベース ➡ p.130
淡褐色の地に暗褐色の不定形斑紋が半分の面にある 広い面の形は円形 長径 4.5〜6.5 mm		確定!! **カゴノキ** データベース ➡ p.131

中型種子の標本室

❸ 中型種子の標本室②

検索表 p. 33 ❶から

㉕ 中型種子の標本箱⑥

検索表 p. 42 ❸から

❼ 中型種子の標本棚③

検索表 p.42 ❸ から

全体の形は腎形状の角形 断面は角形	**確定!!** トベラ データベース ➡ p.212
全体の形は角形状の広楕円形または広卵形 断面は半円状，角形状または三角状でやや扁平	**確定!!** ヤマボウシ データベース ➡ p.186
全体の形は腎形状の楕円形 断面は扁平	**確定!!** タマサンゴ データベース ➡ p.203
全体の形はいびつな腎形状の広楕円形または広卵形 断面は扁平またはやや扁平	㉖ 中型種子の標本箱⑦へ ➡ p.44
全体の形は腎形または腎形状の楕円形 断面は円形またはやや扁平	㉗ 中型種子の標本箱⑧へ ➡ p.44

中型種子の標本室

検索表 p.43 ❼から ㉖ **中型種子の標本箱⑦**

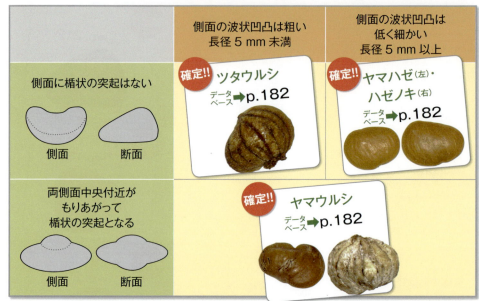

＊ハゼノキとヤマハゼでは、ハゼノキの方が平均で0.5〜1 mm程度大きいが、識別は難しい。

検索表 p.43 ❼から ㉗ **中型種子の標本箱⑧**

検索表
p. 44 ㉗から

67 中型種子の標本箱⑧-A

一端に腹面方向に ふくらむ半球状の小突起, 腹面に臍につながる 褐色の細い溝がある	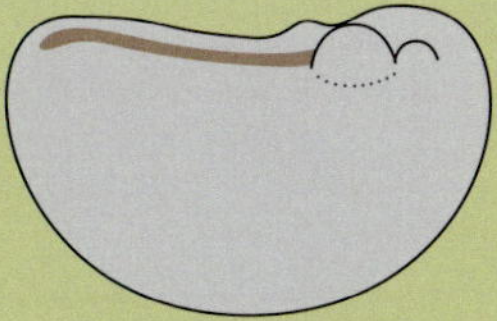	確定!! イヌエンジュ データベース→p.147 
端の突起や 腹面の溝はない	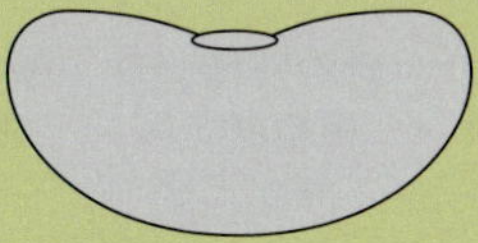	83中型種子の 標本箱⑧-A-1へ

検索表
p. 45 67から

83 中型種子の標本箱⑧-A-1

	表面は淡褐色，臍は長楕円形 または広線形, 側面に臍を中心とする 浅く大きな楕円形の窪みがある	表面は褐色または暗褐色 臍は楕円形または半円形 側面に大きな窪みはない
表面平滑で光沢がある 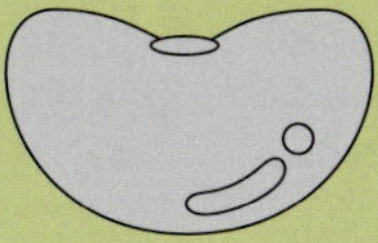	確定!! サネカズラ データベース→p.127 	確定!! チョウセンゴミシ データベース→p.128 
全面に密にいぼ状突起 があり，表面には光沢 はない 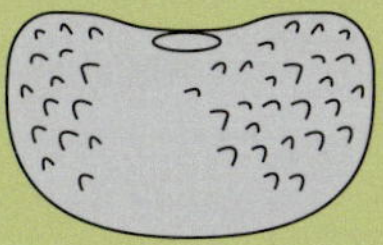	確定!! マツブサ データベース→p.128 	

❹ 中型種子の標本室 ③

検索表 p.33 ❶ から

広い面の形		断面の形			
		円形	やや扁平	扁平	三角状, 扇状, 角形状, 半円状, 腎形状
広い面の形	円形・広楕円形 広卵形	❽中型種子の標本棚❹へ ➡p. 48	❾中型種子の標本棚❺へ ➡p. 58	❿中型種子の標本棚❻へ ➡p. 63	⓫中型種子の標本棚❼へ ➡p. 66
	楕円形・長楕円形	⓬中型種子の標本棚❽へ ➡p. 71	⓭中型種子の標本棚❾へ ➡p. 74	㉘中型種子の標本箱❾へ ➡p. 47	⓮中型種子の標本棚❿へ ➡p. 75
	卵形・狭卵形	⓯中型種子の標本棚⓫へ ➡p. 78		㉙中型種子の標本箱❿へ ➡p. 47	⓰中型種子の標本棚⓬へ ➡p. 79
	半楕円形・半卵形 半円形・偏卵形 偏楕円形・三角形 角形	⓱中型種子の標本棚⓭へ ➡p. 81		⓲中型種子の標本棚⓮へ ➡p. 82	⓳中型種子の標本棚⓯へ ➡p. 84

中型種子の標本室

 検索表 p.46 ❹から ㉘ **中型種子の標本箱⑨**

表面に明瞭な凹凸はない
両面に楕円形で環状の細い条がある

確定!! ネムノキ
データベース ➡ p.146

表面にしわ状凹凸がある
両面に楕円形で環状の溝がある

確定!! ミヤマウグイスカグラ
データベース ➡ p.215

両面に楕円形で環状の溝があり，
多数分岐して網状凹凸となる

確定!! キダチニンドウ
データベース ➡ p.215

 検索表 p.46 ❹から ㉙ **中型種子の標本箱⑩**

腹面に浅い1溝，背面にやや不明瞭な環状の
溝がある。条はない

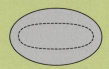

確定!! エゾノヒョウタンボク
データベース ➡ p.216

溝はない。両面に細いU字形の条

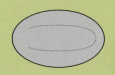

確定!! ギンゴウカン
データベース ➡ p.147

中型種子の標本室

検索表 p.46 ❹から

❽ 中型種子の標本棚 ④

5本以上の細い条がある	㉚中型種子の標本箱⑪へ
一端で十字につながる4本の条がある	㉛中型種子の標本箱⑫へ ➡p. 49
2本の条または一周する条がある	㉜中型種子の標本箱⑬へ ➡p. 50
半周〜1/4周の条または片面のみの条がある	㉝中型種子の標本箱⑭へ ➡p. 51
条はない	㉞中型種子の標本箱⑮へ ➡p. 54

検索表 p.48 ❽から

㉚ 中型種子の標本箱 ⑪

検索表 p.48 ㉚から **68 中型種子の標本箱⑪-A**

検索表 p.48 ⑧から **㉛ 中型種子の標本箱⑫**

㉜ 中型種子の標本箱⑬

検索表 p.48 ⑧ から

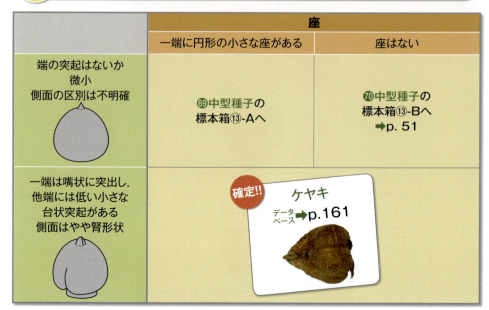

㊡ 中型種子の標本箱⑬-A

検索表 p.50 ㉜ から

検索表 p.50 ㉜から

⑩ 中型種子の標本箱⑬-B

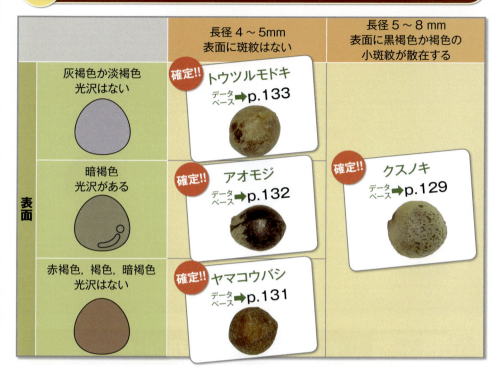

検索表 p.48 ⑧から

㉝ 中型種子の標本箱⑭

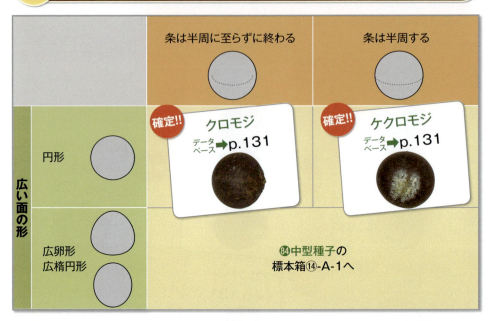

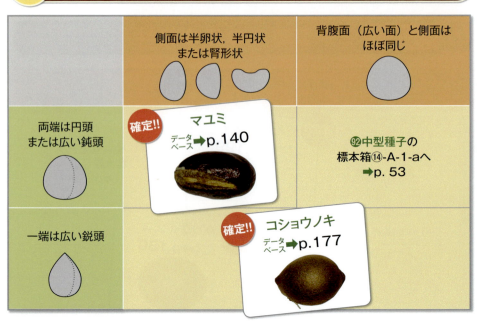

92 中型種子の標本箱⑭-A-1-a

検索表 p.52 ⑧④から

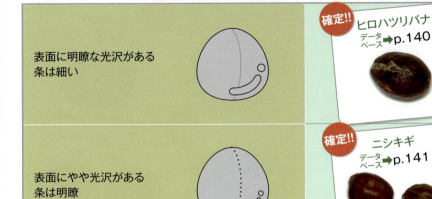

表面に明瞭な光沢がある 条は細い	確定!! **ヒロハツリバナ** データベース ➡ p.140
表面にやや光沢がある 条は明瞭	確定!! **ニシキギ** データベース ➡ p.141

ミニコラム⑤ サクラのタネは核

　さくらんぼやうめぼしを食べると、硬いタネがひとつ入っています。このタネは、種子の回りを覆う果皮が硬く変化したものです。このような硬いタネを核といい、核をもつ果実は核果と呼ばれます。核果は、サクラやウメのようなバラ科だけでなく、幅広い植物にみられる形態です。核が発達した直接のきっかけはわかりませんが、現在の植物では、動物に食べられた場合や厳しい環境におかれた場合などで種子を保護する働きをしていると考えられます。植物は動物のように子育てはできませんが、そのかわり子どもであるタネを守るようないろいろな仕組みをもっているのです。

中型種子の標本室

検索表 p.48 ❽から ㉞ **中型種子の標本箱⑮**

表面

褐色の地に灰白色または褐白色の斑紋が多数	確定!! **センリョウ** データベース ➡ p.133
褐白色，灰白色または淡褐色の地に褐色の小斑点が散在または多数ある	確定!! **タブノキ(左)・ホソバタブ(右)** データベース ➡ p.132
白粉を帯びた灰緑色または灰褐色 斑紋はない	確定!! **イヌマキ** データベース ➡ p.125
黒色 斑紋はない	⓻2 中型種子の標本箱⑮-Aへ ➡ p.55
褐色，淡褐色，灰褐色，褐白色，赤褐色，紫褐色 斑紋はない	⓻3 中型種子の標本箱⑮-Bへ ➡ p.56

＊タブノキとホソバタブは、斑紋の数や大きさなどに多少のちがいがあるが、識別は難しい。

中型種子の標本室

検索表 p.54 ③④から

⑦② 中型種子の標本箱⑮-A

表皮を除去するといぼ状としわ状が混在する凹凸がある	 確定!! アワダン データベース → p.183
表皮を除去すると網状凹凸がある	⑧⑤中型種子の標本箱⑮-A-1へ

検索表 p.55 ⑦②から

⑧⑤ 中型種子の標本箱⑮-A-1

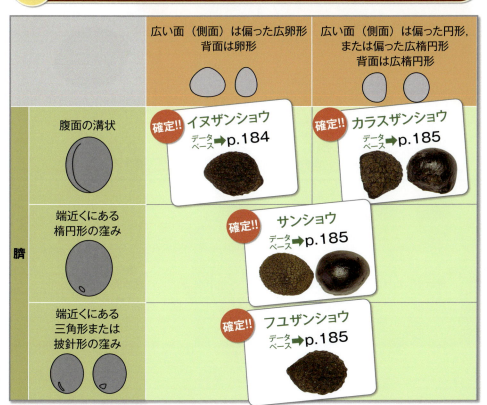

検索表
p. 54 ㉞から

(73) 中型種子の標本箱⑮-B

表面	網状凹凸と4～6の細溝がある		確定!! ボロボロノキ データベース➡p.136 
	細かいしわ状，凹凸が密にあり，溝はない		確定!! アデク データベース➡p.140 
	10以上の細溝があり，溝間の凹凸は微細でやや不明瞭	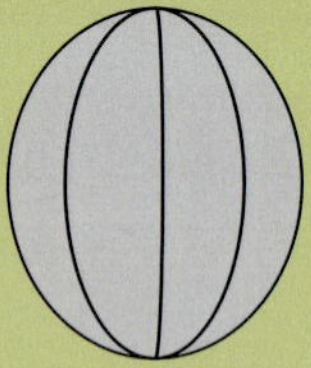	確定!! シロバイ データベース➡p.192 
	細毛が密生したようなしわ状凹凸と一部分枝する4～6の浅い細溝がある		(86)中型種子の標本箱⑮-B-1へ ➡p. 57
	網状やしわ状の凹凸や溝はない	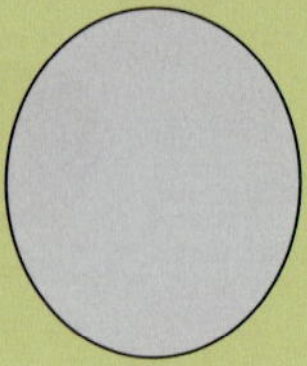	(87)中型種子の標本箱⑮-B-2へ ➡p. 57

検索表 p.56 ⑦から ㊏ 中型種子の標本箱⑮-B-1

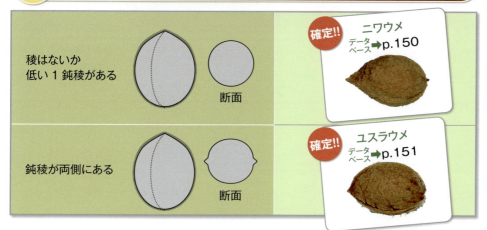

検索表 p.56 ⑦から ㊇ 中型種子の標本箱⑮-B-2

中型種子の標本室

 検索表 p.46 ❹から ❾**中型種子の標本棚 ⑤**

腹面中央に深い溝がある 窪みはない		㉟中型種子の 標本箱⑯へ ➡p.59
腹面の鈍稜上と脇に細い3溝， 背面の稜上に細い1溝がある 端に本体とほぼ同色の小さな窪み （座）がある		㊱中型種子の 標本箱⑰へ ➡p.59
10以上のやや不明瞭な細溝がある 窪みはない	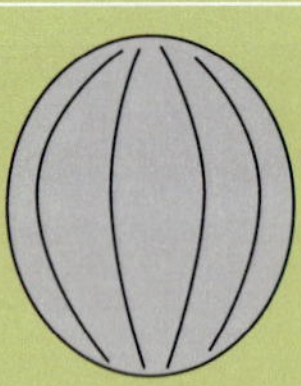	㊲中型種子の 標本箱⑱へ ➡p.60
溝はない 背面中央に本体とほぼ同色で 環状の窪みと腹面の鈍稜脇に 広線形の窪みが2つある	 背面　　腹面	㊳中型種子の 標本箱⑲へ ➡p.60
溝はない 端に白色の窪み（臍）がある	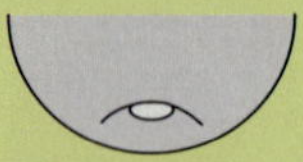	㊴中型種子の 標本箱⑳へ ➡p.61
溝はない 窪みはないか微小		㊵中型種子の 標本箱㉑へ ➡p.61

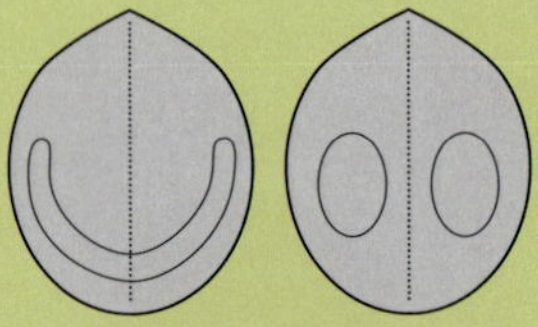

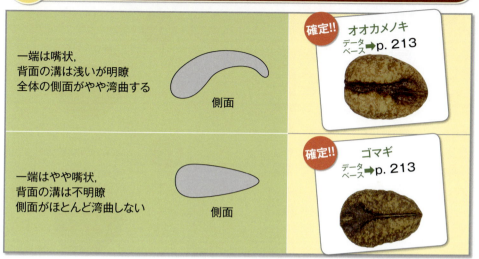

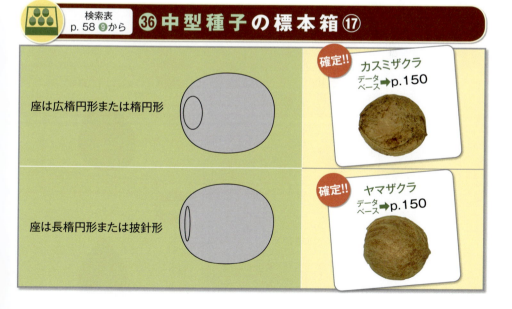

中型種子の標本室

検索表 p.58 ❾ から
㊲ 中型種子の標本箱⑱

長径 4～6 mm 4 mm / 6 mm 先端に小さな柱状突起がある	確定!!　サワフタギ データベース ➡ p.192
長径 6～7 mm 6 mm / 7 mm 先端の突起は低くやや不明瞭	確定!!　タンナサワフタギ データベース ➡ p.192

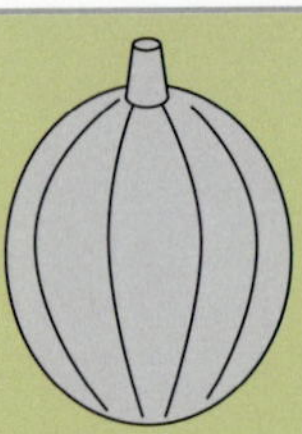

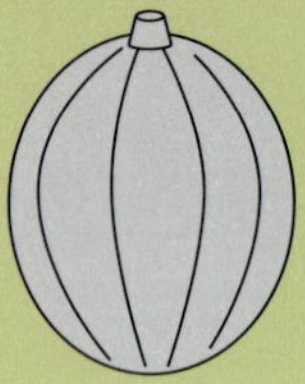

検索表 p.58 ❾ から
㊳ 中型種子の標本箱⑲

長径 3～5 mm 表面は暗褐色，赤褐色，褐色 （暗褐色であることが多い） 3 mm / 5 mm	確定!!　エビヅル データベース ➡ p.138
長径 4～6 mm 表面は赤褐色または褐色 4 mm / 6 mm	確定!!　ヤマブドウ データベース ➡ p.138

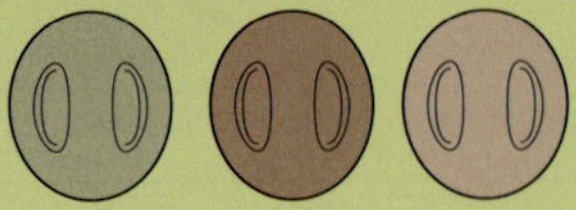

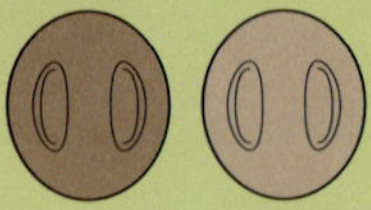

中型種子の標本室

検索表 p.58 ⑨から ㊴**中型種子の標本箱⑳**

表面は光沢のある黒色 （仮種皮を除くと灰褐色） 臍は披針形		確定!! ゴンズイ データベース➡p.139
表面は明瞭な光沢がある黄白色 臍は円形または広楕円形		確定!! ミツバウツギ データベース➡p.139

検索表 p.58 ⑨から ㊵**中型種子の標本箱㉑**

	長径6mm未満 稜は腹面両側を一周する 広い面は広卵形	長径6mm以上 稜は半周する 広い面は円形
黄白色か褐白色の嘴状または楯状の明瞭な突起がある	確定!! イソノキ データベース➡p.161	確定!! ムクノキ データベース➡p.162
突起はないか小さい	㊉中型種子の標本箱㉑-Aへ➡p.62	

61

中型種子の標本室

検索表 p.61 ㊵から

㉔中型種子の標本箱㉑-A

検索表 p.62 ㊸から

㊸中型種子の標本箱㉑-A-1

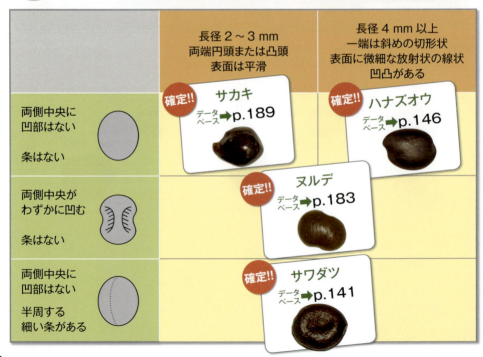

㊶ 中型種子の標本箱㉒

検索表 p.63 ⑩から

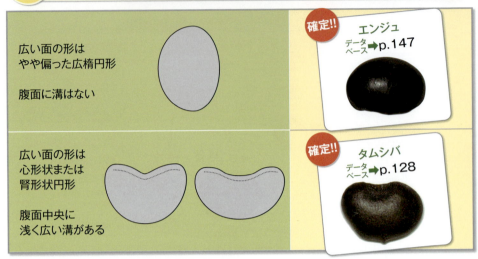

㊷ 中型種子の標本箱㉓

検索表 p.63 ⑩から

中型種子の標本室

検索表 p.64 ㊷から ㊁中型種子の標本箱㉓-A

検索表 p.65 ㊁から ㊇中型種子の標本箱㉓-A-1

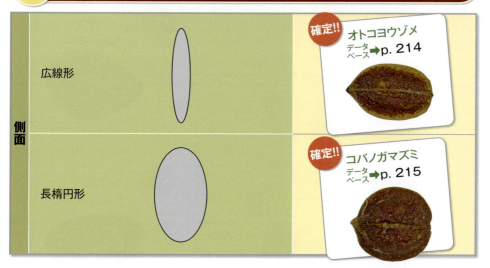

中型種子の標本室

検索表 p.46 ❹から

⓫中型種子の標本棚⑦

断面		
	三角状か角形状	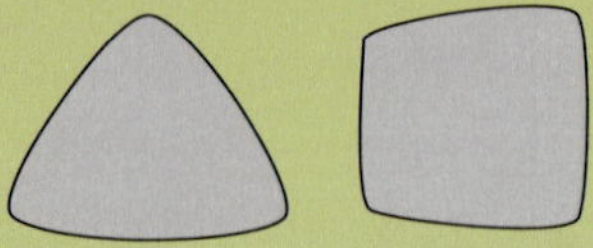 ㊸中型種子の標本箱㉔へ
	腎形状	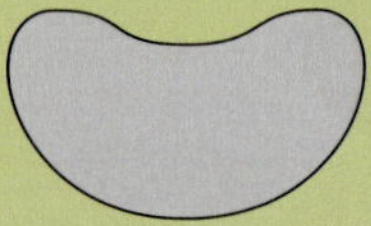 ㊹中型種子の標本箱㉕へ ➡p.67
	扇状か半円状	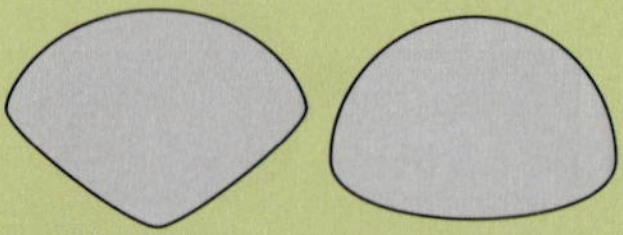 ㊺中型種子の標本箱㉖へ ➡p.67

検索表 p.66 ⓫から

㊸中型種子の標本箱㉔

表面にはこぶ状凹凸があり，
光沢のない淡褐色または暗褐色
端に明瞭な突起はない
断面は正方形状の円形

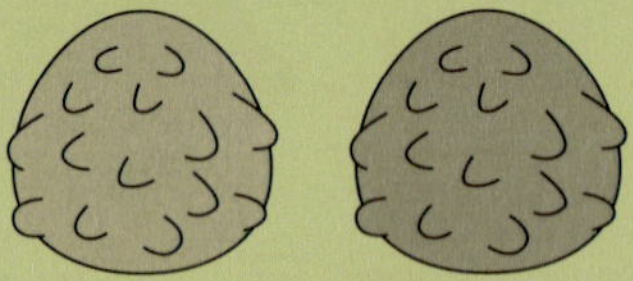

確定!! ハマクサギ
データベース ➡p.206

表面は平滑で，明瞭な光沢のある
黒褐色または黒色
端に黄白色の半球状または楯状の突起がある
断面は三角状または角形状のやや扁平

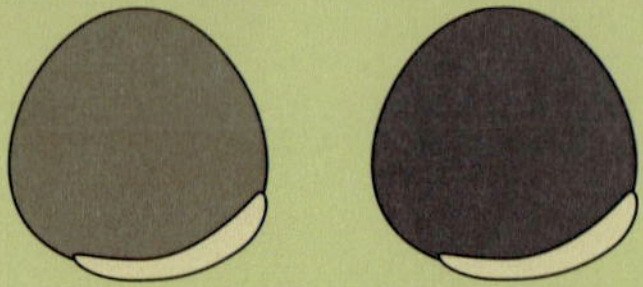

確定!! アケビ
データベース ➡p.134

検索表
p. 66 ⑪から

㊹中型種子の標本箱㉕

表面	粗く低い しわ状の凹凸がある やや光沢がある		確定!! コブシ データベース➡p.128 
	細い網状の 凹凸がある 光沢はない	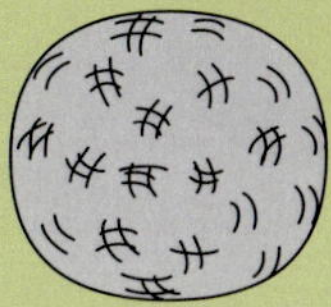	確定!! ホオノキ データベース➡p.129 

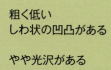

検索表
p. 66 ⑪から

㊺中型種子の標本箱㉖

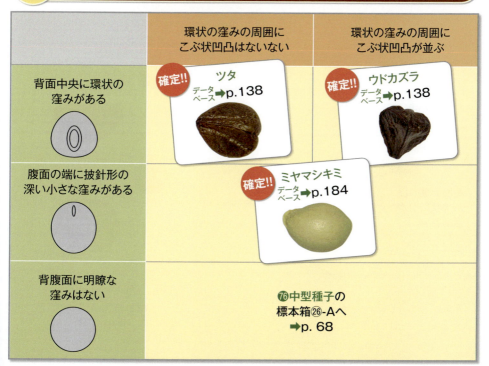

	環状の窪みの周囲に こぶ状凹凸はないない	環状の窪みの周囲に こぶ状凹凸が並ぶ
背面中央に環状の 窪みがある 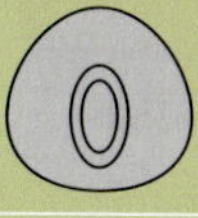	確定!! ツタ データベース➡p.138 	確定!! ウドカズラ データベース➡p.138 
腹面の端に披針形の 深い小さな窪みがある 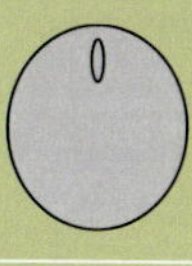	確定!! ミヤマシキミ データベース➡p.184 	
背腹面に明瞭な 窪みはない 	(76)中型種子の 標本箱㉖-Aへ ➡p. 68	

検索表 p.67 ㊺から **㉗中型種子の標本箱㉖-A**

 検索表 p.68 ㊰から **㉚中型種子の標本箱㉖-A-1**

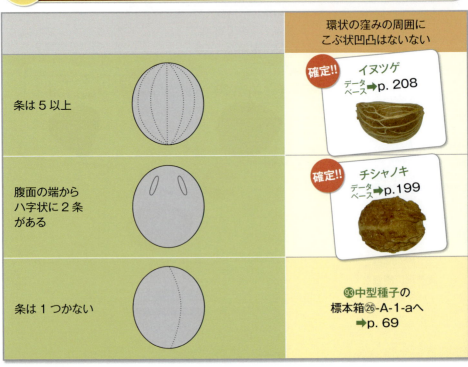

検索表
p. 68 (90)から

(93)中型種子の標本箱㉖-A-1-a

表面	褐色または淡褐色の地に暗褐色か黒褐色の縦線状模様がある 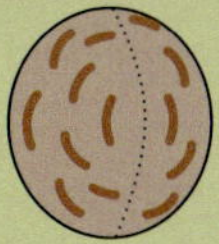	確定!! クスドイゲ データベース➡p.142 
	褐白色, 乾燥して種皮が剥離した状態では暗褐色,赤褐色または黄褐色 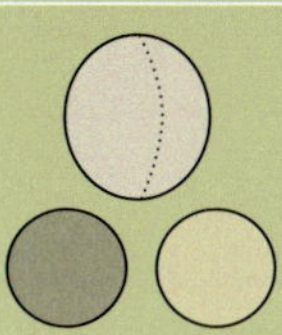	(94)中型種子の標本箱㉖-A-1-a-(1)へ
	白色,黄白色または褐白色 乾燥しても種皮は剥離しない 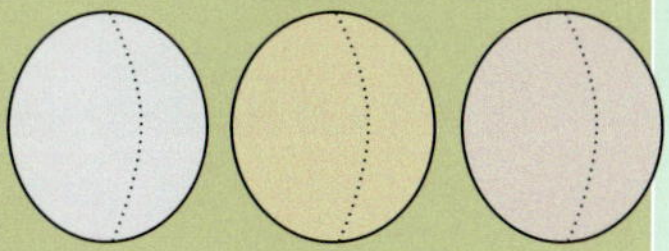	(95)中型種子の標本箱㉖-A-1-a-(2)へ ➡p. 70
	黒色,暗褐色または暗灰色 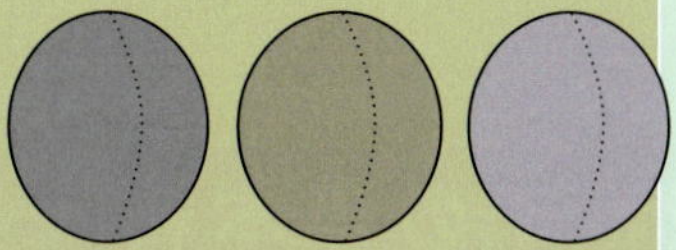	(96)中型種子の標本箱㉖-A-1-a-(3)へ ➡p. 70

検索表
p. 69 (93)から

(94)中型種子の標本箱㉖-A-1-a-(1)

表面	しわ状 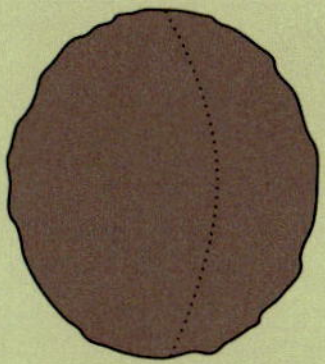	確定!! キヅタ データベース➡p. 212 
	ほぼ平滑 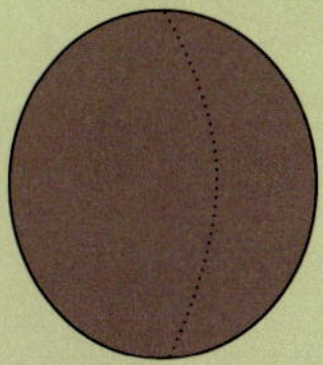	確定!! マサキ データベース➡p.141 

中型種子の標本室

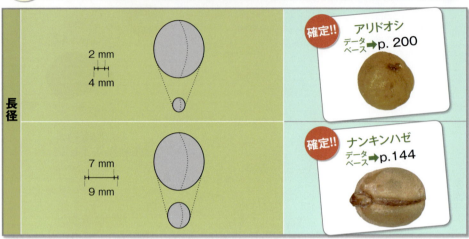

⑫ 中型種子の標本棚⑧

検索表 p.46 ❹から

	長径	
	1cm 以上	長径 1cm 未満
一端に披針形の深い窪みがある	確定!! ネコノチチ データベース ➡ p.160	
一端に円形の深い小さな窪みがある		確定!! センダン データベース ➡ p.183
一端に円形か楕円形の白色の大きな臍がある	㊻中型種子の標本箱㉗へ ➡ p.72	
一端に長楕円形か広線形の淡褐色の浅い窪みがある	㊼中型種子の標本箱㉘へ ➡ p.72	
端に明瞭な窪みはない	㊽中型種子の標本箱㉙へ ➡ p.73	㊾中型種子の標本箱㉚へ ➡ p.73

中型種子の標本室

㊻ 中型種子の標本箱 ㉗

検索表 p.71 ⑫から

- 3〜4の溝のうち1つは広い
- 3〜4の稜は中央部では不明瞭
- 臍は円形

確定!! エゴノキ
データベース ➡ p.194

- 3〜4の溝は全て細い
- 3〜5の稜は明瞭
- 臍は楕円形

確定!! ハクウンボク
データベース ➡ p.195

㊼ 中型種子の標本箱 ㉘

検索表 p.71 ⑫から

- 長径3〜5mm
- 稜は2〜3で不明瞭

3 mm / 5 mm

確定!! トサミズキ
データベース ➡ p.136

- 長径5〜7mm
- 稜は3〜4で低い

5 mm / 7 mm

確定!! イスノキ
データベース ➡ p.137

- 長径7mm以上
- 稜は3〜4で，1つは明瞭，他は低い

7 mm

確定!! マンサク
データベース ➡ p.137

中型種子の標本室

検索表 p.71 ⑫から

㊽中型種子の標本箱㉙

表面の特徴	図	種名
表面に3〜6の浅い溝がある 古くなると黒変する		確定!! アオキ データベース→p.199
片面に浅くて広い溝があり，溝の中央に条がある		確定!! ミヤマトベラ データベース→p.146 
表面に溝や条はない 粗い網目状凹凸がある		確定!! バリバリノキ データベース→p.132 

検索表 p.71 ⑫から

㊾中型種子の標本箱㉚

表面の凹凸		一端に微細毛が密生する楯状の座がある 溝や条はない	明瞭な座はない 4〜6の溝があり，溝内に脱落性の条がある
表面の凹凸	細かい線状かしわ状の凹凸	確定!! クロキ データベース→p.192 	確定!! ハナミズキ データベース→p.186 
	いぼ状の凹凸	確定!! ユズリハ・ヒメユズリハ データベース→p.137 	＊ ユズリハは広楕円形に近く，ヒメユズリハはイボ状凹凸がより明瞭であるが，両者の識別は難しい

中型種子の標本室

検索表 p.46 ❹ から

⓭ 中型種子の標本棚⑨

		表面	
		しわ状または波状の凹凸がある 明瞭な光沢はない	表面に明瞭な凹凸はない 明瞭な光沢がある
長径	10 mm 未満 	㊿ 中型種子の標本箱㉛へ	51 中型種子の標本箱㉜へ →p. 75
	13 mm 以上 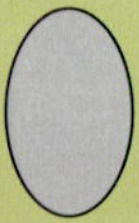	確定!! イヌガヤ データベース→p.125 	

検索表 p. 74 ⓭ から

㊿ 中型種子の標本箱㉛

一端は凸頭, 他端は凹頭 背腹両面中央に細い溝がある	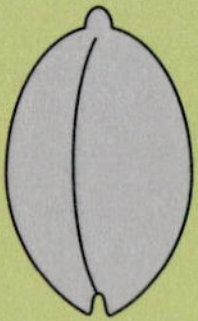	確定!! クマヤナギ データベース→p.160 
両端が円頭か鈍頭 背腹両面中央に浅い溝がある	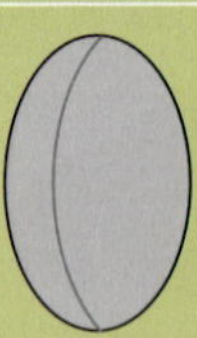	確定!! ネズミモチ データベース→p. 204 
両端が鋭頭か鈍頭 溝はない	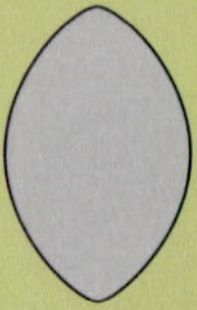	確定!! メギ データベース→p.134 

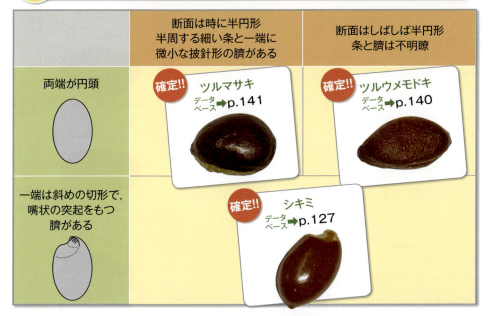

検索表 p. 75 ⑭から (52)中型種子の標本箱㉝

背面に低くて荒い波状と しわ状の凹凸がある 両面の溝は不明瞭		確定!! ミヤマイボタ データベース➡p. 204 
背面にしわ状凹凸は不明瞭 両面の溝は明瞭で， 背面中央の溝は広い	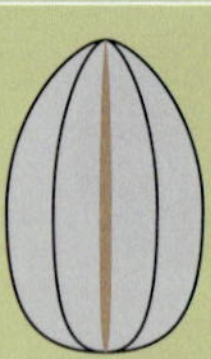	確定!! オオバイボタ データベース➡p. 204 
背面に明瞭なしわ状と 網状の凹凸がある 両面の溝は明瞭で， 背面中央の溝は細い	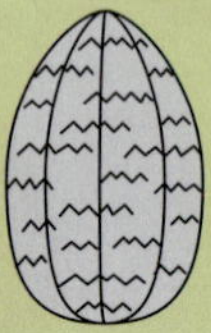	確定!! イボタノキ データベース➡p. 204 

検索表 p. 75 ⑭から (53)中型種子の標本箱㉞

	端の形	
	一端が嘴状になる	両端とも嘴状にならない
明瞭な光沢と臍はない 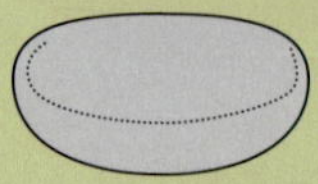	(77)中型種子の標本箱㉞-Aへ ➡p. 77	(78)中型種子の標本箱㉞-Bへ ➡p. 77
明瞭な光沢がある 一端に黄白色で披針形の 明瞭な臍がある 3 稜は鈍く，時に不明瞭 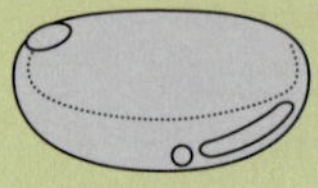	確定!! ツリバナ データベース➡p.142 	

中型種子の標本室

 検索表 p.76 53から **77 中型種子の標本箱㉞-A**

特徴	図	確定種
背面の1溝は不明瞭 背面に微細片からなるしわ状凹凸がある 長径3〜5mm	 3mm / 5mm	確定!! リュウキュウルリミノキ データベース→p.200 
背面には短い不規則な3溝 側面は楕円形○ 長径4.5〜6mm	 4.5mm / 6mm	確定!! オオバルリミノキ データベース→p.200 
背面には分枝する明瞭な1〜3溝がある 側面は半円形◯ 長径3〜4.5mm	 3mm / 4.5mm	確定!! ルリミノキ データベース→p.201 

 検索表 p.76 53から **78 中型種子の標本箱㉞-B**

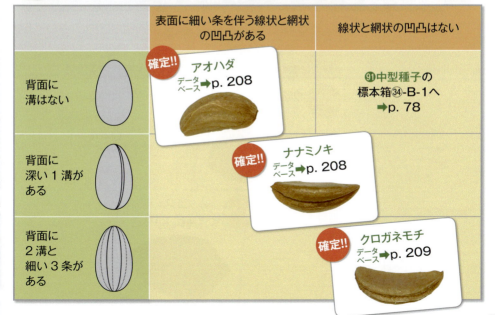

中型種子の標本室

検索表 p.77 78 から

91 中型種子の標本箱 34 -B-1

検索表 p.46 4 から

15 中型種子の標本棚 11

中型種子の標本室

検索表 p.78 ⑮から ㊹ **中型種子の標本箱㉟**

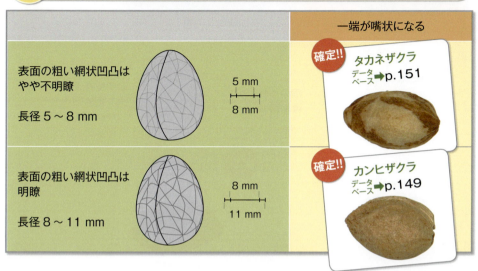

検索表 p.46 ④から ⑯ **中型種子の標本棚⑫**

＊エライオソームの役割については279ページ

検索表
p. 79 ⑯から

(55)中型種子の標本箱㊱

	背面に湾曲する2稜と腹面に1稜 黄褐色または褐色	2～3の稜がある 赤褐色または暗褐色
一端が嘴状になる 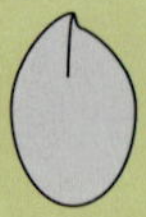	(79)中型種子の 標本箱㊱-Aへ	(80)中型種子の 標本箱㊱-Bへ ➡p. 81
両端とも 嘴状にならない 淡褐色 	確定!! トウネズミモチ データベース➡p. 205 	

検索表
p. 80 (55)から

(79)中型種子の標本箱㊱-A

稜は明瞭。 背面に細い1溝がある 長径4～6 mm	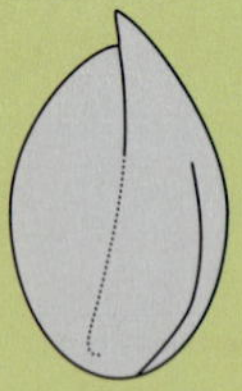 4 mm 6 mm	確定!! タイワンルリミノキ データベース➡p. 201 
稜は鈍いことが多い。 背面の溝は不明瞭 長径2～4 mm	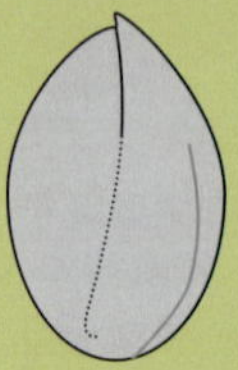 2 mm 4 mm	確定!! マルバルリミノキ データベース➡p. 201 

検索表
p. 80 (55)から

(80) 中型種子の標本箱㊱-B

	側面の形	
	狭卵形または半卵形	卵形
腹面両側に 2 稜 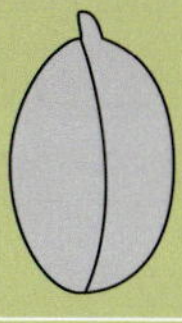	確定!! ウラジロノキ データベース➡p.158 	確定!! アズキナシ データベース➡p.158 
2～3 の鈍い稜がある 時に稜はない 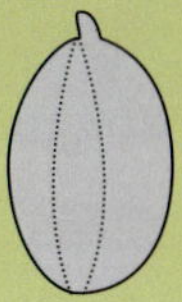	確定!! カマツカ データベース➡p.148 	

検索表
p. 46 ④から

⑰ 中型種子の標本棚⑬

	果皮の下の凹凸（果皮を除去して調べる）	
	表面に明瞭な網状凹凸がある	網状凹凸はない
広い面の形は 長径 5～9 mm の 偏った卵形 または偏った楕円形	確定!! シロヤマブキ データベース➡p.153 	(56)中型種子の標本箱㊲へ ➡p. 82
全体が長径 9 mm 以上の円錐状 全体に白色の微細毛が密生または散生 大きな座が突出する	確定!! ツノハシバミ データベース➡p.175 	
広い面の形は長径 5 mm 以下の半楕円形または半円形	確定!! コシアブラ データベース➡p. 211 	

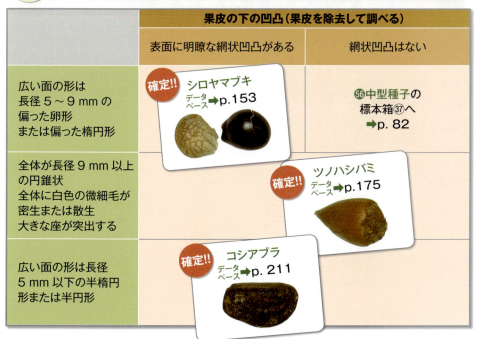

中型種子の標本室

 検索表 p.81 ⑰から **㊻ 中型種子の標本箱㊲**

| 一端が腹面に向く凸頭となり，凸頭側の端に白色・楕円形の臍がある |  | 確定!! シマエンジュ データベース ➡p.147  |
| 一端は嘴状にやや曲がる鋭頭 鋭頭側の端に臍はない |  | 確定!! ミチノクナシ データベース ➡p.152  |

 検索表 p.46 ❹から **⑱ 中型種子の標本棚⑭**

| 長径8mm以上

表面に微細な流水様の線状模様

光沢がある | 
8 mm | ㊼中型種子の標本箱㊳へ
➡p.83 |
| 長径8mm未満

表面に微細な流水様の線状模様はない

明瞭な光沢はない | 
8 mm | ㊽中型種子の標本箱㊴へ
➡p.83 |

57 中型種子の標本箱 ㊳

検索表 p.82 ⑱ から

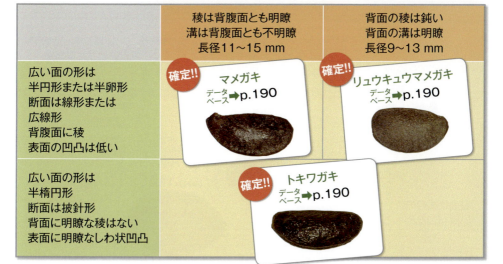

58 中型種子の標本箱 �439;

検索表 p.82 ⑱ から

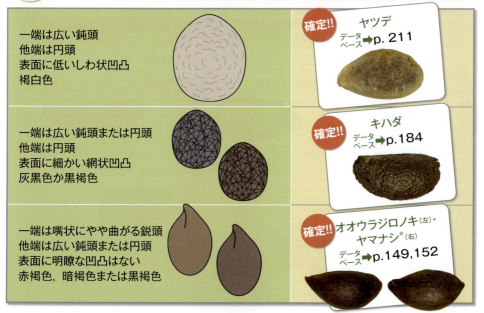

＊ヤマナシの断面はオオウラジロノキよりもやや厚いが、識別は難しい

検索表
p. 46 ④から

⑲中型種子の標本棚⑮

	広い面	
	形は半円形 または半楕円形	半円形，半卵形，偏った卵形， 三角状卵形または角形
表面に細かなしわ状凹凸がある，または明瞭な凹凸はない	(59)中型種子の 標本箱㊵へ	(60)中型種子の 標本箱㊶へ ➡p. 85
表面に編目の大きな粗い網状凹凸がある	確定!! ヤマヒハツ データベース➡p.145 	

検索表
p. 84 ⑲から

(59)中型種子の標本箱㊵

	断面は半円状。両端は鋭頭 背面に細い３条と腹面中央に 時に大きく隆起する１条がある	断面は扇状。両端は円頭か鈍頭 両側面の背側にそれぞれ１条
背面は長楕円形 または楕円形 表面は光沢や溝がない， ２または４の稜がある	確定!! タカノツメ データベース➡p. 211 	確定!! カクレミノ データベース➡p. 211 
背面は卵形 または広卵形 表面に光沢 溝と条はない		確定!! アカギ データベース➡p.145 
背面は楕円形 表面にやや光沢 両側面の腹面寄りと 腹面中央に計３溝 条はない	確定!! クロヅル データベース➡p.142 	

中型種子の標本室

 検索表 p.84 ⑲から **❻⓿ 中型種子の標本箱㊶**

断面が扇状 背面両側に湾曲する2稜と 腹面中央に1稜 表面に溝はない		 確定!! エゾノコリンゴ データベース ➡ p.149
断面が半円状 腹面の両側が稜 表面に溝はない		⑧① 中型種子の 標本箱㊶-Aへ
断面が 三角状，角形状，扇状 表面に2～5稜と 1～2溝	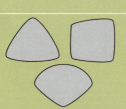	⑧② 中型種子の 標本箱㊶-Bへ ➡ p.86

 検索表 p.85 ❻⓿から **⑧① 中型種子の標本箱㊶-A**

長径 3.5～5 mm 腹面に明瞭な窪みはない	3.5 mm / 5 mm	 確定!! ナンキンナナカマド データベース ➡ p.158
長径 2.5～4 mm しばしば腹面全体に 楕円形の浅い窪み	2.5 mm / 4 mm	 確定!! ナナカマド データベース ➡ p.159

検索表
p. 85 (60)から

(82) 中型種子の標本箱㊶-B

表面に明瞭な凹凸はない
やや光沢がある
一端に楕円形の浅い小さな座がある

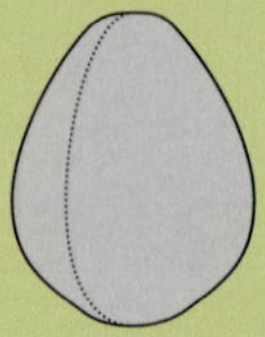

確定!!
ハマナシ
データベース➡p.153

表面にしわ状凹凸
やや光沢がある
一端に長楕円形または
楕円形の浅い小さな座がある

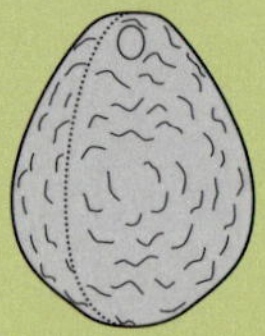

確定!!
モリイバラ
データベース➡p.153

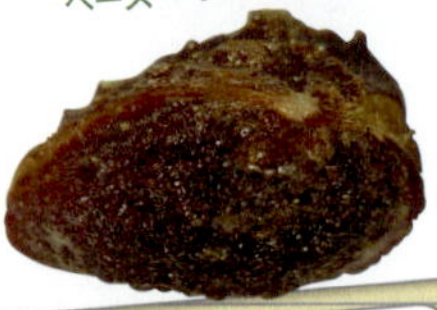

表面に細かいしわ状かいぼ状の凹凸
光沢がある
一端に円形の浅い小さな座がある

確定!!
ノイバラ
データベース➡p.153

ミニコラム⑥ シキミとトウシキミ

シキミの果実は、8つの方向に突起が飛び出したような変わった形をしています。タネは、この突起それぞれに1個ずつ入っています。料理に詳しい人なら、この形をみて、八角と呼ばれる香辛料を連想するでしょう。八角を生産するのはトウシキミという中国原産の木で、シキミとは属が同じ近縁種です。しかし、香辛料になる八角と違い、シキミの実には強い毒があります。近縁でも、一方は香辛料、一方は猛毒と大変な違いがありますので、形が似ていてもシキミの方は絶対に食用にしてはいけません。

小型種子の標本室

小型種子の標本室チャート

- ❶ 小型種子の最初の検索表
  - ❷ 小型種子の標本棚①
    - ❹ 小型種子の標本箱①
    - ❺ 小型種子の標本箱②
    - ❻ 小型種子の標本箱③
      - ❿ 小型種子の標本箱③-A
  - ❸ 小型種子の標本棚②
    - ❼ 小型種子の標本箱④
      - ⓫ 小型種子の標本箱④-A
      - ⓬ 小型種子の標本箱④-B
    - ❽ 小型種子の標本箱⑤
      - ⓭ 小型種子の標本箱⑤-A
        - ⓯ ヤナギ科の標本箱
        - ⓳ 小型種子の標本箱⑤-A-1
      - ⓮ 小型種子の標本箱⑤-B
      - ⓯ 小型種子の標本箱⑤-C
        - ⓳ 小型種子の標本箱⑤-C-1
        - ⓴ 小型種子の標本箱⑤-C-2
      - ⓰ 小型種子の標本箱⑤-D
        - ㉑ 小型種子の標本箱⑤-D-1
          - ㉕ 小型種子の標本箱⑤-D-1-a
        - ㉒ 小型種子の標本箱⑤-D-2
        - ㉓ 小型種子の標本箱⑤-D-3
    - ❾ キイチゴ属の標本箱
      - ⓱ キイチゴ属の標本箱①
        - ㉔ キイチゴ属の標本箱①-A
          - ㉖ キイチゴ属の標本箱①-A-1
          - ㉗ キイチゴ属の標本箱①-A-2
          - ㉘ キイチゴ属の標本箱①-A-3

小型種子の標本室

❶小型種子の最初の検索表

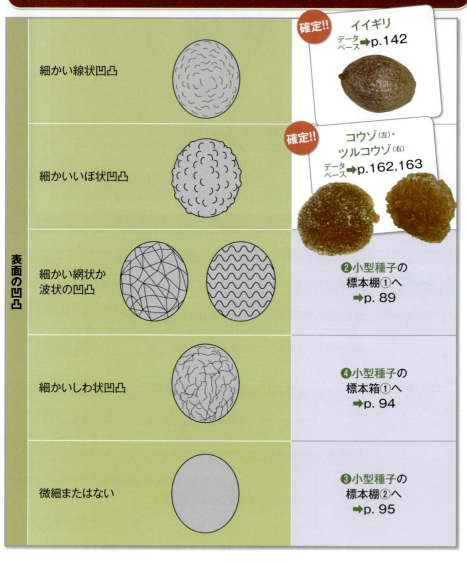

小型種子の標本室

検索表 p.88 ❶から ❷ 小型種子の標本棚①

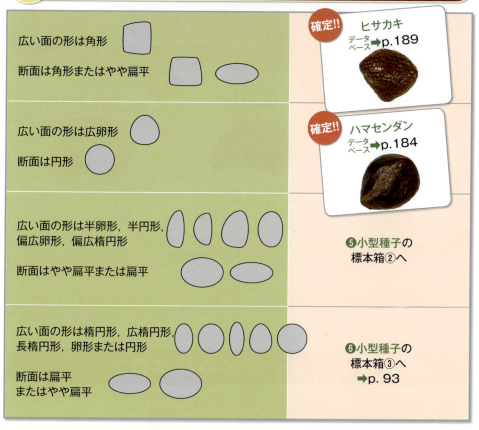

検索表 p.89 ❷から ❺ 小型種子の標本箱②

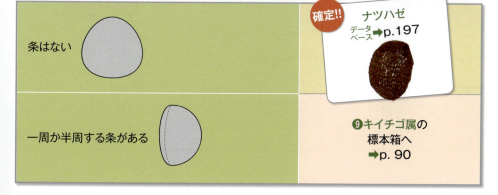

小型種子の標本室

検索表 p.89 ❺ から

❾ キイチゴ属の標本箱

	背面は長楕円形 条は背面から腹面の半分	背面は卵形 条は背面のみでやや不明瞭
背面に明瞭な 波状凹凸	確定!! フユイチゴ データベース ➡ p.154	確定!! ミヤマフユイチゴ データベース ➡ p.154
背面は波状にならない	⓱キイチゴ属の標本箱①へ	

検索表 p.90 ❾ から

⓱ キイチゴ属の標本箱①

網状凹凸は低く, やや不明瞭	確定!! コバノフユイチゴ データベース ➡ p.155
網状凹凸は明瞭	㉔キイチゴ属の標本箱①-Aへ ➡ p.91

小型種子の標本室

㉔ キイチゴ属の標本箱①-A

検索表 p.90 ⑰から

長径 1.0～1.5 mm 背面は長楕円形 編目の数は 片面 10～20	1.0 mm / 1.5 mm	確定!! ヒメバライチゴ データベース ➡ p.155
長径 1.3～2.0 mm	 1.3 mm / 2.0 mm	㉖キイチゴ属の 標本箱①-A-1へ
長径 1.5～2.5 mm	1.5 mm / 2.5 mm	㉗キイチゴ属の 標本箱①-A-2へ ➡ p.92
長径 2.0～3.0 mm	2 mm / 3.0 mm	㉘キイチゴ属の 標本箱①-A-3へ ➡ p.93

㉖ キイチゴ属の標本箱①-A-1

検索表 p.91 ㉔から

背面は狭卵形 編目の数は 片面 15～25	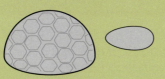	確定!! ビロードイチゴ データベース ➡ p.155
背面は長楕円形 編目の数は 片面 30 以上	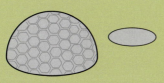	確定!! クサイチゴ データベース ➡ p.155

91

検索表 p.91 ㉔から ㉗ キイチゴ属の標本箱①-A-2

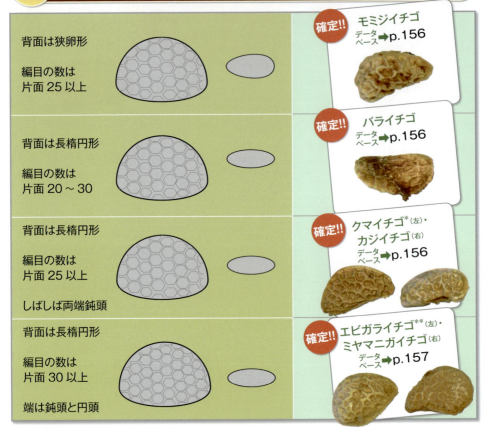

＊クマイチゴの方が断面がより扁平だが、識別は難しい。
＊＊広い面はどちらも半卵形だが、ミヤマニガイチゴは半円形になることがある。

ミニコラム⑦　イチゴのタネは果実

　キイチゴ類の果実は、小さな粒がたくさん集まったような集合果と呼ばれる形態をしています。この小さな粒はひとつひとつが核果（ミニコラム5参照）に相当する小核果で、それぞれにタネ（小核）がひとつ入っています。タネは半円形で編目状の凹凸がある独特な形をしているので、キイチゴ類のタネであることは容易に識別できます。しかし、キイチゴ類のタネ同士はよく似ているため、本書ではある程度の識別の目安を検索に載せましたが、外観のみで種まで識別するのはかなり難しいといえます。ただし、凹凸が顕著なフユイチゴや逆に凹凸がほとんどないコバノフユイチゴなどは、他のキイチゴ類とは明確に異なるので、識別は容易です。

小型種子の標本室

検索表
p.91 ㉔から
㉘ キイチゴ属の標本箱①-A-3

背面は狭卵形 編目の数は 片面30以上		確定!! ニガイチゴ データベース→p.157
背面は狭卵形 編目の数は 片面20〜30		確定!! ナワシロイチゴ データベース→p.157
背面は長楕円形 編目の数は 片面25以上		確定!! ホウロクイチゴ データベース→p.158

検索表
p.89 ❷から
❻ 小型種子の標本箱③

表面凹凸は横方向の波状		確定!! ニワトコ データベース→p.212 
表面凹凸は網状	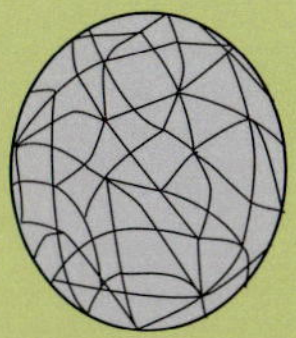	❿小型種子の 標本箱③-Aへ →p.94

93

検索表 p.93 ❻ から **❿ 小型種子の標本箱 ③-A**

広い面の形は楕円形または長楕円形 光沢がある 編目は 0.2 ～ 0.3 mm	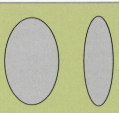 確定!! シマサルナシ データベース ➡ p.195
広い面の形は楕円形または卵形 光沢は弱い 編目は 0.1 ～ 0.2 mm	 確定!! サルナシ データベース ➡ p.195
広い面の形は広楕円形, 楕円形または円形 光沢は弱い 編目は 0.1 mm	 確定!! マタタビ データベース ➡ p.195

 検索表 p.88 ❶ から **❹ 小型種子の標本箱 ①**

広い面の形は長楕円形または楕円形 断面は扇形	 確定!! タマミズキ データベース ➡ p.210
広い面の形は半円形 断面は凸形	 確定!! ハリギリ データベース ➡ p.212

検索表 p.88 ❶から ❸ 小型種子の標本棚②

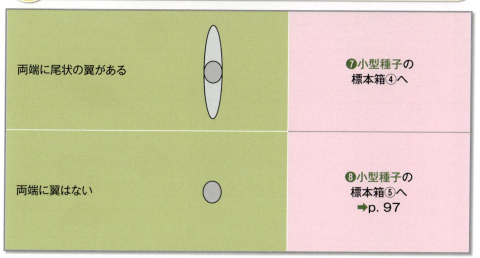

両端に尾状の翼がある		❼小型種子の標本箱④へ
両端に翼はない		❽小型種子の標本箱⑤へ ➡p.97

検索表 p.95 ❸から ❼ 小型種子の標本箱④

果体*		
	披針形または狭卵形	確定!! タニワタリノキ データベース ➡p.199
	楕円形または広楕円形	⓫小型種子の標本箱④-Aへ ➡p.96
	長楕円形	⓬小型種子の標本箱④-Bへ ➡p.96

＊翼などの付属物を除いた果実の本体

小型種子の標本室

 検索表 p.95 ⑦ から ⑪ **小型種子の標本箱④-A**

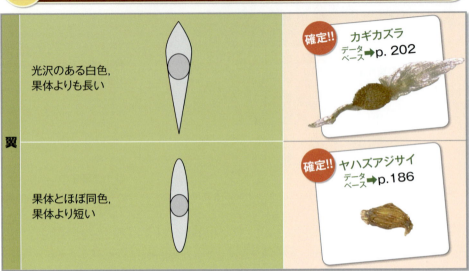

 検索表 p.95 ⑦ から ⑫ **小型種子の標本箱④-B**

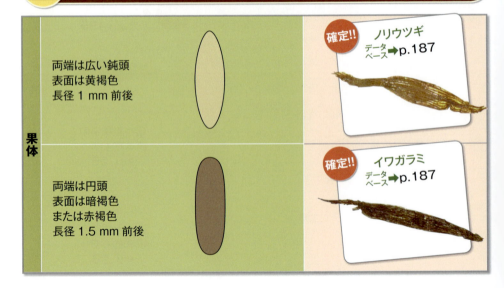

⑧ 小型種子の標本箱⑤

検索表 p.95 ❸から

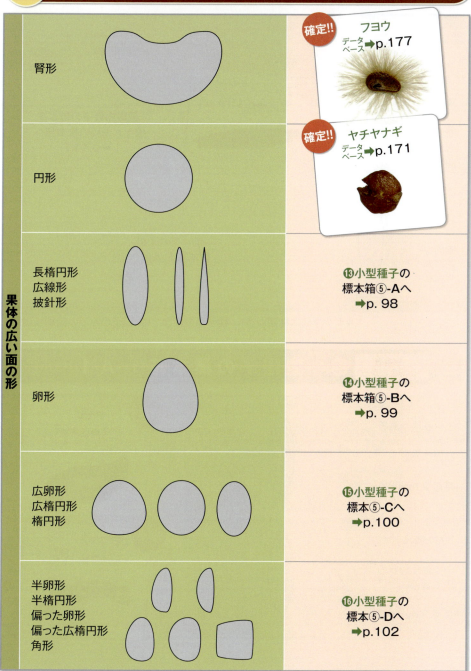

果体の広い面の形		
腎形		
円形		確定!! フヨウ データベース→p.177
		確定!! ヤチヤナギ データベース→p.171
長楕円形 広線形 披針形		⓭小型種子の標本箱⑤-Aへ →p.98
卵形		⓮小型種子の標本箱⑤-Bへ →p.99
広卵形 広楕円形 楕円形		⓯小型種子の標本⑤-Cへ →p.100
半卵形 半楕円形 偏った卵形 偏った広楕円形 角形		⓰小型種子の標本⑤-Dへ →p.102

小型種子の標本室

97

小型種子の標本室

検索表 p.97 ⑧から
⑬ 小型種子の標本箱⑤-A

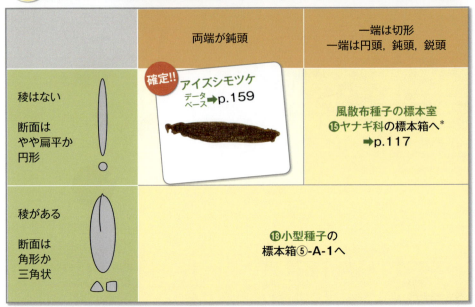

*ヤナギ属は種類が多く、種子が微細なため、種子のみでの識別は困難。

検索表 p.98 ⑬から
⑱ 小型種子の標本箱⑤-A-1

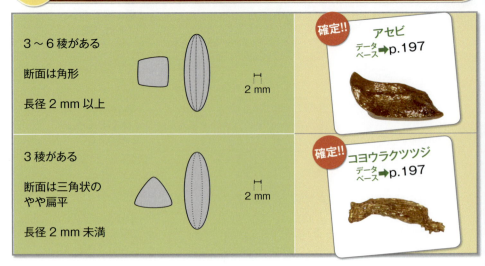

検索表 p.97 ❽から

⑭ 小型種子の標本箱⑤-B

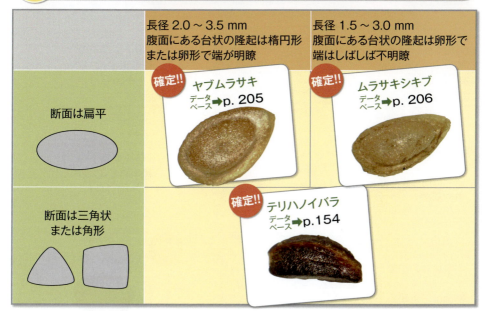

ミニコラム⑧ カエデのタネの飛び方

　カエデのタネには翼がついていて、風に飛ばされます。どのカエデでも、1本の軸に2個のタネが組になっていて、それぞれのタネに翼がついています。この2個セットの状態で枝から離れると、2枚の翼が竹とんぼやヘリコプターのように回転して、飛ぶように思えますが、その状態ではうまく回転できないようです。実際に散布される時には、タネが1個ずつバラバラになり、1枚の翼が回転してタネを運んでくれます。1枚の翼だけで上手く回転できるような巧みな設計になっているというわけです。

小型種子の標本室

検索表 p.97 ❽から

⓯ 小型種子の標本箱⑤-C

特徴	断面図	参照
背面に湾曲する2稜と腹面に1稜 断面は扇状	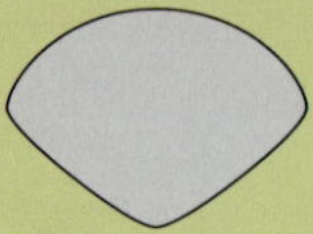	⓳ 小型種子の標本箱⑤-C-1へ ➡p.101
腹面か背面に1稜 断面は円形またはやや扁平	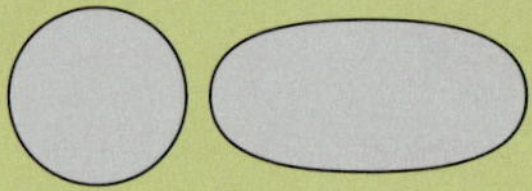	⓴ 小型種子の標本箱⑤-C-2へ ➡p.101
1鋭稜と2鈍稜 断面は三角状	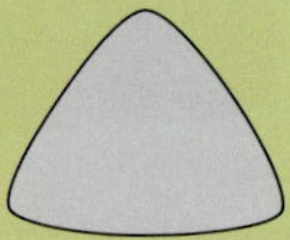	確定!! ヤマグワ データベース➡p.163 
2～4の鈍稜 断面は角形状の円形		確定!! ガジュマル データベース➡p.163 
稜はない 断面は円形		確定!! コゴメウツギ データベース➡p.159 
稜はない 断面は扁平		確定!! スイカズラ データベース➡p.216 

検索表 p.100 ⑮から ⑲ 小型種子の標本箱⑤-C-1

背面に1条がある		確定!! タチバナモドキ データベース ➡ p.152
5以上の条が全面にある		確定!! ツゲモチ データベース ➡ p.210

検索表 p.100 ⑮から ⑳ 小型種子の標本箱⑤-C-2

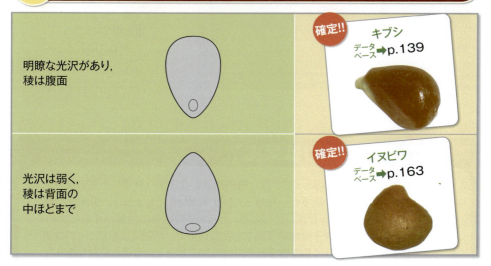

明瞭な光沢があり,稜は腹面		確定!! キブシ データベース ➡ p.139
光沢は弱く,稜は背面の中ほどまで		確定!! イヌビワ データベース ➡ p.163

＊腹面とは臍のある面を指す。

小型種子の標本室

検索表 p.97 ❽ から

⓰ 小型種子の標本箱⑤-D

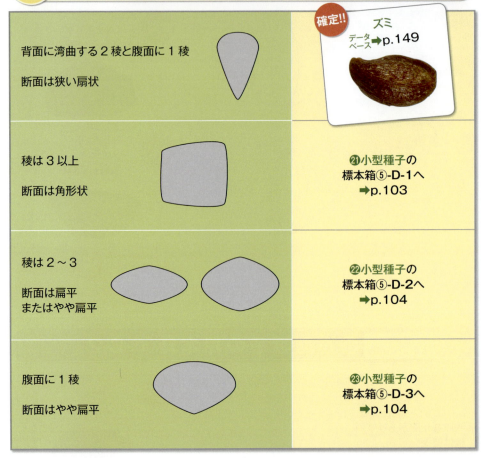

背面に湾曲する2稜と腹面に1稜 断面は狭い扇状		確定!! ズミ データベース ➡ p.149
稜は3以上 断面は角形状		㉑ 小型種子の標本箱⑤-D-1へ ➡ p.103
稜は2〜3 断面は扁平 またはやや扁平		㉒ 小型種子の標本箱⑤-D-2へ ➡ p.104
腹面に1稜 断面はやや扁平		㉓ 小型種子の標本箱⑤-D-3へ ➡ p.104

ミニコラム⑨ 松ぼっくりは果実？

　マツの仲間がつける「松ぼっくり」は、専門用語では球果（毬果）と呼びます。果という字がつけられていますが、松ぼっくりは果実なのでしょうか。果実は、基本的には被子植物の子房が発達したもので、さらに子房以外の組織がそれに加わることもあります。マツは裸子植物で子房をもたないので、厳密には松ぼっくりは果実ではありません。松ぼっくりは種子とその付属物の集合ということになりますが、被子植物の一つの果実に相当するとも考えられますので、球果という語がつけられたのでしょう。

小型種子の標本室

 検索表 p.102 ⑯から ㉑ 小型種子の標本箱⑤ -D-1

 検索表 p.103 ㉒から ㉕ 小型種子の標本箱⑤ -D-1-a

小型種子の標本室

検索表 p.102 ⑯から
㉒ 小型種子の標本箱⑤-D-2

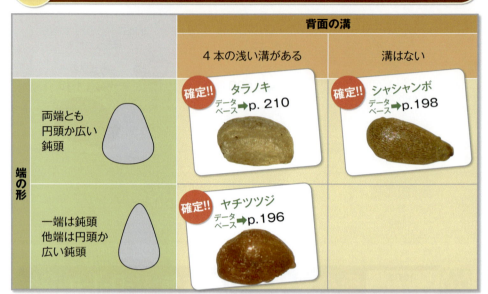

検索表 p.102 ⑯から
㉓ 小型種子の標本箱⑤-D-3

風散布種子の標本室

風散布種子の標本室チャート

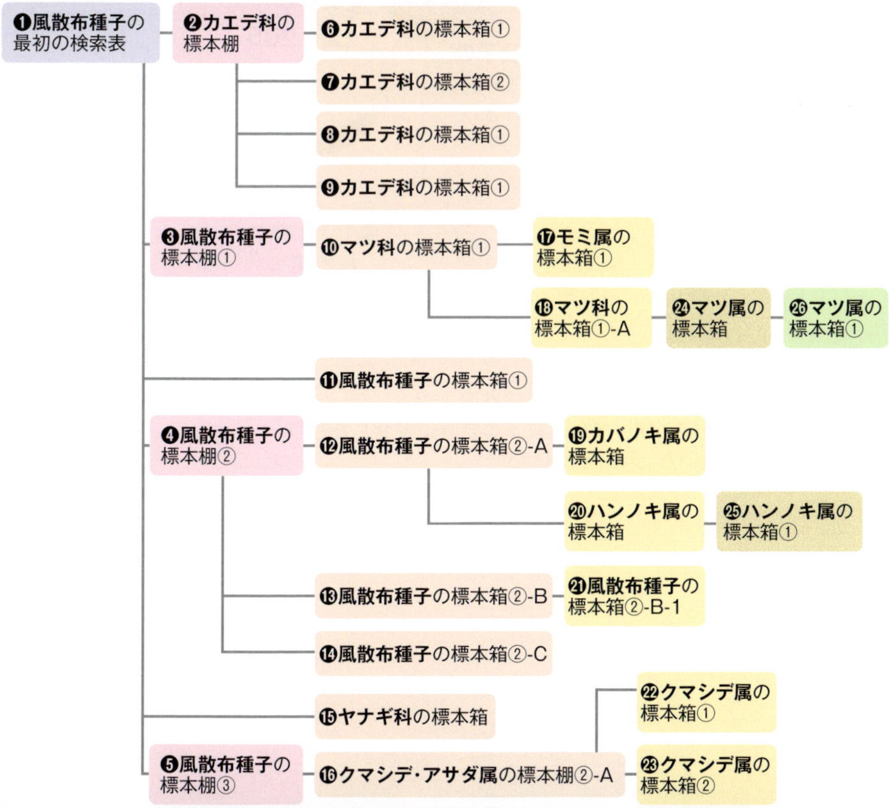

- ❶風散布種子の最初の検索表
  - ❷カエデ科の標本棚
    - ❻カエデ科の標本箱①
    - ❼カエデ科の標本箱②
    - ❽カエデ科の標本箱①
    - ❾カエデ科の標本箱①
  - ❸風散布種子の標本棚①
    - ❿マツ科の標本箱①
      - ⓱モミ属の標本箱①
      - ⓲マツ科の標本箱①-A
        - ㉔マツ属の標本箱
        - ㉖マツ属の標本箱①
    - ⓫風散布種子の標本箱①
  - ❹風散布種子の標本棚②
    - ⓬風散布種子の標本箱②-A
      - ⓳カバノキ属の標本箱
      - ⓴ハンノキ属の標本箱
        - ㉕ハンノキ属の標本箱①
    - ⓭風散布種子の標本箱②-B
      - ㉑風散布種子の標本箱②-B-1
    - ⓮風散布種子の標本箱②-C
    - ⓯ヤナギ科の標本箱
      - ㉒クマシデ属の標本箱①
  - ❺風散布種子の標本棚③
    - ⓰クマシデ・アサダ属の標本棚②-A
      - ㉓クマシデ属の標本箱②

風散布種子の標本室

❶風散布種子の最初の検索表

	散布器官*1		
	翼がある	冠毛・長毛がある	果苞・心皮*2 につく
一枚の翼をもつ分果が組み合わさる(99ページコラム参照) 	❷カエデ科の標本棚へ ➡p.107		
翼や冠毛が種子本体の片側につく 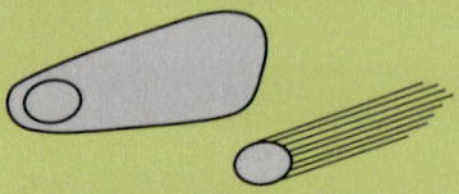	❸風散布種子の標本棚①へ ➡p.109	⓫風散布種子の標本箱①へ ➡p.113	❺風散布種子の標本棚③へ ➡p.118
翼や長毛が種子本体の両側や全周につく 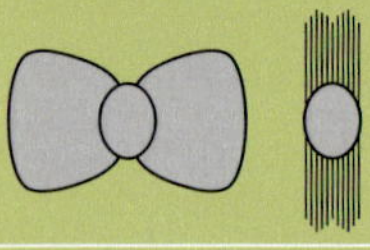	❹風散布種子の標本棚②へ ➡p.113	確定!! キササゲ データベース ➡p.205 	
白色の綿毛に包まれる 		⓯ヤナギ科の標本箱へ ➡p.117	

＊1 種子が風などに運ばれるために役立つ器官
＊2 元々は葉になる組織が雌しべを構成する要素に変化したもの
＊3 翼や冠毛などを除いた、果実の本体部分

風散布種子の標本室

検索表 p.106 ❶から

❷カエデ科の標本棚

		果体*³の広面		
		円形 広楕円形	楕円形 卵形	長楕円形
果体の短径	5 mm 未満 ⊢―⊣ 5 mm	❻カエデ科の 標本箱①へ	❼カエデ科の 標本箱②へ ➡p.108	❽カエデ科の 標本箱③へ ➡p.108
	5 mm 以上 ⊢―⊣ 5 mm	❾カエデ科の 標本箱④へ ➡p.109		

検索表 p.107 ❷から

❻カエデ科の標本箱①

	果体の断面は円形 またはやや扁平 翼は水平または広角に開く	果体の断面は扁平 翼は鋭角に開く
果体の短径 3 mm 未満 果体は無毛 ⊢―⊣ 3 mm	確定!! イロハモミジ データベース➡p.177	
果体の短径 3 mm 以上 果体は無毛 ⊢―⊣ 3 mm	確定!! オオモミジ データベース➡p.177	
果体の短径 3 mm 以上 果体に微細な毛が 密生または散生 ⊢―⊣ 3 mm	確定!! ハウチワカエデ データベース➡p.178	確定!! オガラバナ データベース➡p.178

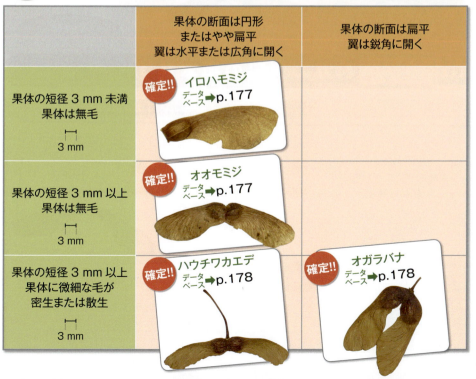

風散布種子の標本室

検索表 p.107 ❷から **❼カエデ科の標本箱②**

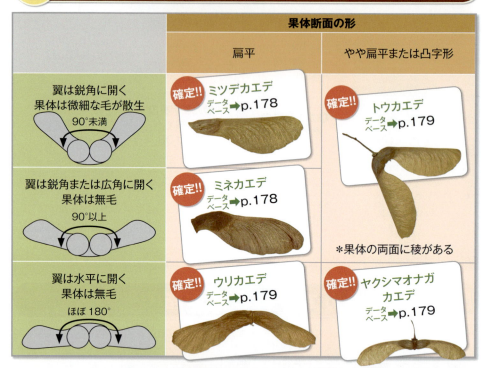

検索表 p.107 ❷から **❽カエデ科の標本箱③**

風散布種子の標本室

検索表 p.107 ❷から

❾カエデ科の標本箱④

果体の特徴	翼の開き方	確定
果体の断面は凸字形 果体両面に低い稜 果体に剛毛が密生または散生 翼は鋭角に開く	90°未満	確定!! **カジカエデ** データベース➡p.180 
果体の断面は扁平 果体に稜はない 果体は無毛 翼は水平または広角に開く	90°以上 ほぼ180°	確定!! **コミネカエデ** データベース➡p.180 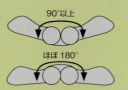
果体の断面は円形 果体に稜はない 果体は無毛 翼は鋭角または広角に開く	90°未満 90°以上	確定!! **テツカエデ** データベース➡p.181 

検索表 p.106 ❶から

❸風散布種子の標本棚①

果体の形

広面は広線形 断面は円形 長径1cm程度 1 cm		確定!! **アオダモ** データベース➡p.203 
広面は長楕円形 断面は扁平 長径1.5cm程度 1.5 cm		確定!! **ヤチダモ** データベース➡p.203
広面は卵形、 広卵形、楕円形、 または披針形		❿マツ科の 標本箱①へ ➡p.110

風散布種子の標本室

検索表 p.109 ❸から

⓾マツ科の標本箱①

翼は種子本体の大部分を包む		⓱モミ属の標本箱へ
翼は種子本体の片面を被うまたは被わない	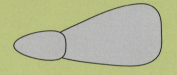	⓲マツ科の標本箱①-Aへ ➡p.111

検索表 p.110 ⓾から

⓱モミ属の標本箱

翼が被う面に黒色で線状の斑紋がある		確定!! ウラジロモミ データベース➡p.122 
斑紋はない	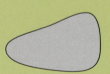	確定!! モミ データベース➡p.123 

風散布種子の標本室

検索表 p.110 ⑩から ⑱マツ科の標本箱①-A

検索表 p.111 ⑱から ㉔マツ属の標本箱

風散布種子の標本室

検索表 p.111 ㉕から

㉖マツ属の標本箱①

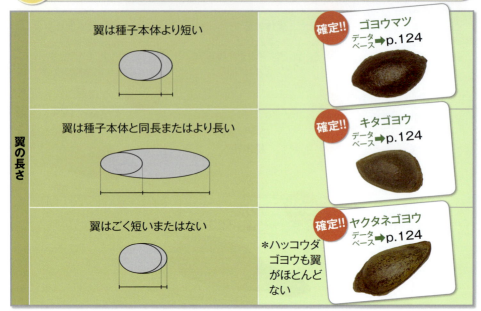

*ハッコウダゴヨウも翼がほとんどない

ミニコラム⑩ 変わった形のタネ

　タネの形はさまざまで、中にはずいぶんと変わった形のものもあります。『源氏物語』の作者、紫式部の名をもらっているムラサキシキブは紫色の美しい果実をつけます。そのタネは、ササ舟のような繊細な形をしています。ルーペなどでみると微小な工芸品のようで、観察していて飽きません。モッコクのタネは、ちょっと見た目には扁平な形をしているだけですが、よくみると巻貝の化石のような渦巻き状になっていて大変おもしろい形をしています。p.9〜10で解説しているように、タネの表面にはいろいろな凹凸や模様があり、それらもタネの形の不思議さを増すのに一役かっています。本書の写真標本の中から、変わった形のタネをいろいろと探してみても楽しいでしょう。

風散布種子の標本室

検索表 p.106 ❶から ⓫**風散布種子の標本箱①**

果体の広面は長楕円形、断面は扁平	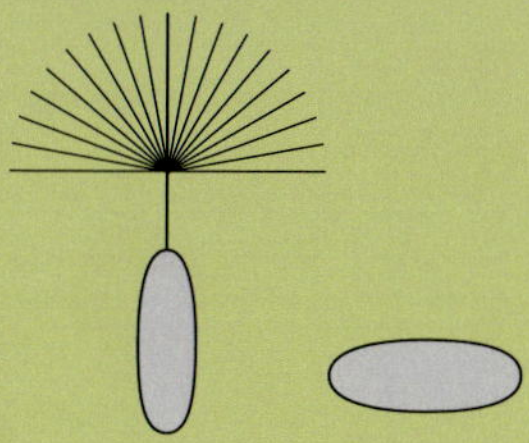	確定!! サカキカズラ データベース ➡p.202
果体の広面は線形、断面はやや扁平	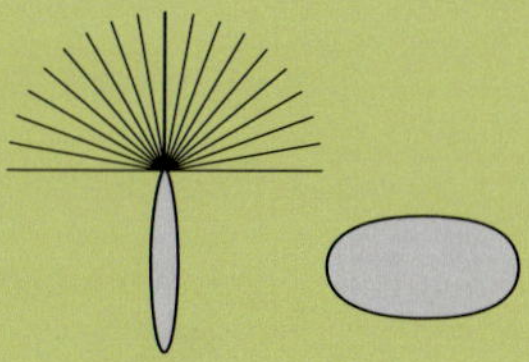	確定!! テイカカズラ データベース ➡p.202

検索表 p.106 ❶から ❹**風散布種子の標本棚②**

		翼	
		単層	2枚の大きな翼に数枚の小さな翼が重なる
果体の長径	4 mm 未満	⓬風散布種子の標本箱②-Aへ ➡p.114	確定!! キリ データベース ➡p.206 
	4〜7 mm	⓭風散布種子の標本箱②-Bへ ➡p.116	
	7 mm 以上	⓮風散布種子の標本箱②-Cへ ➡p.117	

113

風散布種子の標本室

⑫風散布種子の標本棚②-A

検索表 p.113 ❹から

*種子が小型で、翼が果体の両側に尾状についている場合は小型種子の標本箱④（p. 95）へ

⑲カバノキ属の標本箱

検索表 p.114 ⑫から

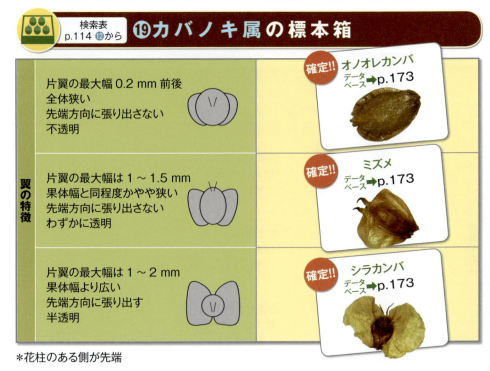

*花柱のある側が先端

風散布種子の標本室

検索表
p.114 ⑫から

⑳ハンノキ属の標本箱

	果体の直径 3 mm 以上	3 mm 未満
果体は円形または広卵形 翼は全体狭く、 最大幅は0.2〜0.4 mm 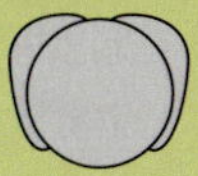	確定!! ハンノキ データベース ➡ p.171 	確定!! ヤマハンノキ データベース ➡ p.172 
果体は長楕円形、狭卵形、卵形、 または楕円形 翼は広く、最大幅は0.5 mm以上 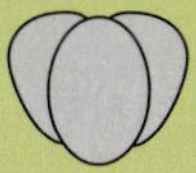	㉕ハンノキ属の 標本箱①へ	*翼の最大幅は 0.5 mm前後

検索表
p.115 ⑳から

㉕ハンノキ属の標本箱①

	翼の最大幅 1 mm 前後	1〜2 mm
翼は先端方向に張り出す 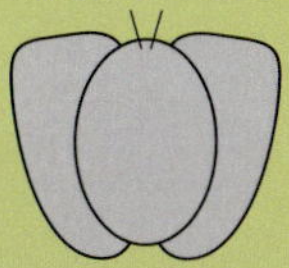	確定!! ヤシャブシ データベース ➡ p.172 	確定!! オオバヤシャブシ データベース ➡ p.172 
翼は先端方向に張り出さない またはやや張り出す * 花柱がある側が先端 	確定!! ミヤマハンノキ データベース ➡ p.172 	確定!! ヒメヤシャブシ データベース ➡ p.173 

検索表 p.113 ❹から **⓮風散布種子の標本箱②-C**

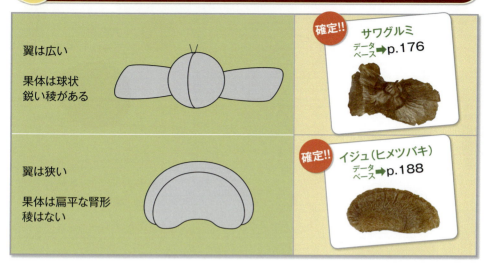

 検索表 p.106 ❶から **⓯ヤナギ科の標本箱**

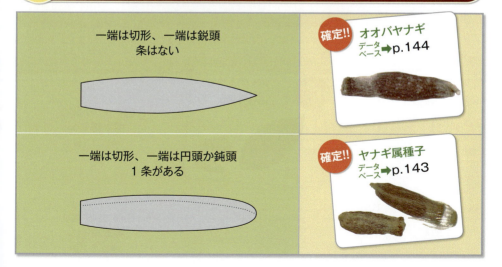

❺風散布種子の標本棚③

検索表 p.106 ❶から

果体広面の形	心皮	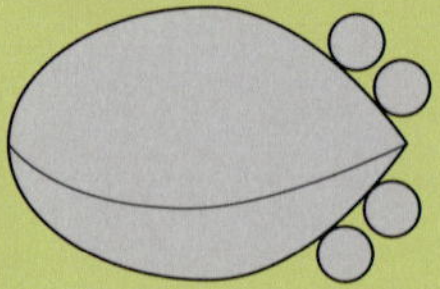	確定!! アオギリ データベース ➡p.176 
	散布器官は果苞	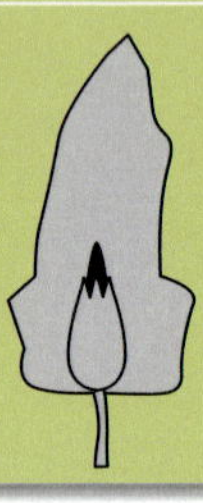	⓰クマシデ・アサダ属の標本箱へ

⓰クマシデ・アサダ属の標本箱

検索表 p.118 ❺から

		果苞の形	
		袋状	葉状
果体広面の形	楕円形 長楕円形 卵形 狭卵形	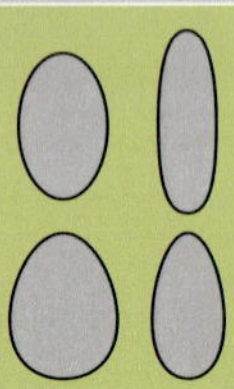 確定!! アサダ データベース ➡p.175 	㉒クマシデ属の標本箱①へ ➡p.119
	広卵形	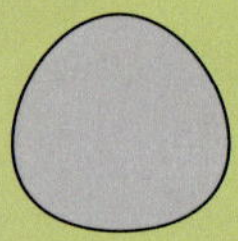	㉓クマシデ属の標本箱②へ ➡p.119

風散布種子の標本室

検索表 p.118 ⑯から **㉒クマシデ属の標本箱①**

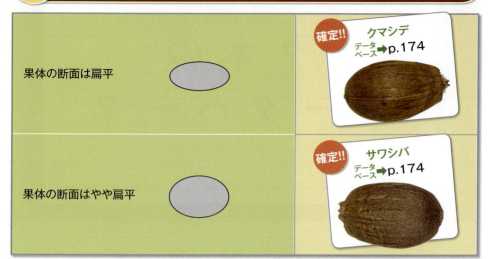

果体の断面は扁平	確定!! クマシデ データベース→p.174
果体の断面はやや扁平	確定!! サワシバ データベース→p.174

検索表 p.118 ⑯から **㉓クマシデ属の標本箱②**

果苞の基部が内折して果体を抱く
腺点は不明瞭
先端の花柱は通常 1/3 程度露出

確定!! アカシデ データベース→p.174

果苞の基部は果体を抱かない
先端付近に腺点が散在する
先端の花柱は通常半分以上露出

確定!! イヌシデ データベース→p.174

タネのデータベース

ソテツ科 …………… 122	ニシキギ科 …………… 140	ミズキ科 …………… 185
イチョウ科 …………… 122	ヤナギ科 …………… 142	アジサイ科 …………… 186
マツ科 …………… 122	トウダイグサ科 …… 144	ツバキ科 …………… 187
マキ科 …………… 125	ミカンソウ科 …… 145	サカキ科 …………… 189
イヌガヤ科 …………… 125	テリハボク科 …… 145	カキノキ科 …………… 190
イチイ科 …………… 125	ホルトノキ科 …… 145	ハイノキ科 …………… 191
ヒノキ科 …………… 126	マメ科 …………… 146	サクラソウ科 …………… 193
マツブサ科 …………… 127	バラ科 …………… 148	エゴノキ科 …………… 194
モクレン科 …………… 128	グミ科 …………… 159	マタタビ科 …………… 195
クスノキ科 …………… 129	クロウメモドキ科 …… 160	ツツジ科 …………… 196
センリョウ科 …………… 133	ニレ科 …………… 161	アオキ科 …………… 199
トウツルモドキ科 …… 133	アサ科 …………… 162	ムラサキ科 …………… 199
アケビ科 …………… 134	クワ科 …………… 162	アカネ科 …………… 199
メギ科 …………… 134	ブナ科 …………… 164	キョウチクトウ科 …… 202
アワブキ科 …………… 135	ヤマモモ科 …………… 171	ナス科 …………… 203
ビャクダン科 …………… 136	カバノキ科 …………… 171	モクセイ科 …………… 203
ボロボロノキ科 …… 136	クルミ科 …………… 175	ノウゼンカズラ科 …… 205
マンサク科 …………… 136	アオイ科 …………… 176	シソ科 …………… 205
ユズリハ科 …………… 137	ジンチョウゲ科 …… 177	キリ科 …………… 206
ブドウ科 …………… 138	ムクロジ科 …… 177	ハナイカダ科 …………… 207
ミツバウツギ科 …… 139	ウルシ科 …………… 181	モチノキ科 …………… 207
キブシ科 …………… 139	ニガキ科 …………… 183	ウコギ科 …………… 210
シクンシ科 …………… 139	センダン科 …………… 183	レンプクソウ科 …… 212
フトモモ科 …………… 140	ミカン科 …………… 183	スイカズラ科 …………… 215

凡 例
（詳細はp.10を参照）

- バーの色はタネのタイプを示す
- 和名
- 確定した検索表の掲載ページ
- 親木のタイプ・生育型・分布気候帯・垂直分布・果実のタイプ
- 果期

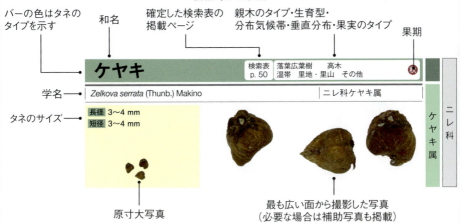

- 学名 — *Zelkova serrata* (Thunb.) Makino ｜ ニレ科ケヤキ属
- タネのサイズ — 長径 3～4 mm / 短径 3～4 mm
- 原寸大写真
- 最も広い面から撮影した写真（必要な場合は補助写真も掲載）

●タネのタイプ
- ：ブナ科堅果
- ：大型種子
- ：中型種子
- ：小型種子
- ：風散布種子

●木のタイプ
常緑広葉樹、落葉広葉樹、針葉樹 の別を表示

●生育型
高木、小高木、低木、つる の別を表示

●水平分布（分布気候帯）

亜熱帯

暖温帯～亜熱帯

暖温帯

温帯（暖温帯～冷温帯）

冷温帯

冷温帯～亜寒帯

亜寒帯・亜高山帯

に区分して表示
外来種は「外来」とし、（ ）内に生育気候帯を示した

●垂直分布
亜高山、山地、里地・里山、平野部、海岸 に区分して表示

●果実のタイプ
堅果、多肉果、さく果、翼果、豆果、その他 に区分して表示

●主な果期
タネが成熟する時期を表示

●学名
2016年6月6日公開の日本産被子植物グリーンリスト（GreenList ver.1.01）に準拠した

●タネのサイズ
0.5 mmきざみで表示。範囲が狭い場合には、「○ mm前後」のように表現した

種子のデータベース

ソテツ

検索表 p.24 ｜ 常緑樹　低木　亜熱帯　海岸　種子　㊗秋

Cycas revoluta Thunb. ｜ ソテツ科ソテツ属

長径 36〜39 mm
短径 26〜29 mm

ソテツ科 / ソテツ属

イチョウ

検索表 p.23 ｜ 落葉樹　高木　外来（温帯）　平野部〜里地・里山　種子　㊗秋

Ginkgo biloba L. ｜ イチョウ科イチョウ属

長径 19〜23 mm
短径 10.5〜14.5 mm

イチョウ科 / イチョウ属

ウラジロモミ

検索表 p.110 ｜ 常緑針葉樹　高木　冷温帯　山地　有翼種子　㊗秋

Abies homolepis Siebold et Zucc. ｜ マツ科モミ属

長径 6〜9 mm
短径 3〜5 mm

マツ科 / モミ属

種子のデータベース

モミ

| 検索表 p. 110 | 常緑針葉樹　高木　温帯　山地　有翼種子 | |

Abies firma Siebold et Zucc.　　　　マツ科モミ属

長径 6～9 mm
短径 3～6 mm

モミ属

ハリモミ

| 検索表 p. 111 | 常緑針葉樹　高木　冷温帯　山地　有翼種子 | |

Picea torano (Siebold ex K.Koch) Koehne　　マツ科トウヒ属

長径 5～8 mm
短径 3～5 mm

トウヒ属

クロマツ

| 検索表 p. 111 | 常緑針葉樹　高木　暖温帯～亜熱帯　平野部　有翼種子 | |

Pinus thunbergii Parl.　　　　マツ科マツ属

長径 4.5～8 mm
短径 3～4.5 mm

アカマツ

| 検索表 p. 111 | 常緑針葉樹　高木　温帯　里地・里山～山地　有翼種子 | |

Pinus densiflora Siebold et Zucc.　　マツ科マツ属

長径 3～6 mm
短径 2～4 mm

マツ属

マツ科

種子のデータベース

ゴヨウマツ（ヒメコマツ）

検索表 p. 112 ／ 常緑針葉樹　高木　温帯　山地　有翼種子　秋

Pinus parviflora Siebold et Zucc. var. *parviflora* ｜ マツ科マツ属

長径 8〜13 mm
短径 5〜8 mm

キタゴヨウ

検索表 p. 112 ／ 常緑針葉樹　高木　冷温帯　山地　有翼種子　秋

Pinus parviflora Siebold et Zucc. var. *pentaphylla* (Mayr) Henry ｜ マツ科マツ属

長径 9〜10 mm
短径 5〜7 mm

ヤクタネゴヨウ

検索表 p. 112 ／ 常緑針葉樹　高木　暖温帯〜亜熱帯　山地　有翼種子　秋

Pinus amamiana Koidz. ｜ マツ科マツ属

長径 11〜14 mm
短径 6〜7.5 mm

＊自然分布は屋久島，種子島のみ

ツガ

検索表 p. 111 ／ 常緑針葉樹　高木　温帯　山地　有翼種子　秋

Tsuga sieboldii Carrière ｜ マツ科ツガ属

長径 3.5〜5.5 mm
短径 1.5〜3 mm

マツ科　マツ属　ツガ属

ナギ

検索表 p. 27 | 常緑針葉樹　高木　暖温帯～亜熱帯　平野部～里地・里山　種子 | 秋

Podocarpus nagi (Thunb.) Kuntze　　マキ科ナギ属

長径 12.5～14.5 mm
短径 11～13 mm

イヌマキ

検索表 p. 54 | 常緑針葉樹　高木　暖温帯～亜熱帯　里地・里山～山地　種子 | 秋

Podocarpus macrophyllus (Thunb. ex Murray) Sweet　　マキ科マキ属

長径 7.5～10 mm
短径 6～8.5 mm

イヌガヤ

検索表 p. 74 | 常緑針葉樹　小高木　温帯　山地　種子 | 秋

Cephalotaxus harringtonia (Knight ex Forbes) K.Koch var. *harringtonia*　　イヌガヤ科イヌガヤ属

長径 13.5～20 mm
短径 8.5～11 mm

イチイ

検索表 p. 57 | 常緑針葉樹　高木　温帯　山地　種子 | 秋

Taxus cuspidata Siebold et Zucc.　　イチイ科イチイ属

長径 4.5～5 mm
短径 4 mm前後

種子のデータベース

カヤ

| 検索表 p. 23 | 常緑針葉樹　高木　温帯　山地　種子 | 秋 |

Torreya nucifera (L.) Siebold et Zucc. ／ イチイ科カヤ属

- 長径 17〜28.5 mm
- 短径 9〜13 mm

イチイ科／カヤ属

ヒノキ

| 検索表 p. 114 | 常緑針葉樹　高木　温帯　里地・里山〜山地　有翼種子 | 秋 |

Chamaecyparis obtusa (Siebold et Zucc.) Endl. ／ ヒノキ科ヒノキ属

- 長径 2〜5 mm
- 短径 1〜4 mm

ヒノキ科／ヒノキ属

ネズミサシ（ネズ）

| 検索表 p. 79 | 常緑針葉樹　小高木　温帯　里地・里山〜山地　種子 | 秋 |

Juniperus rigida Siebold et Zucc. ／ ヒノキ科ネズミサシ属

- 長径 3.5〜5.5 mm
- 短径 1.5〜3.5 mm

ネズミサシ属

アスナロ

| 検索表 p. 116 | 常緑針葉樹　高木　冷温帯　山地　有翼種子 | 秋 |

Thujopsis dolabrata (L.f.) Siebold et Zucc. ／ ヒノキ科アスナロ属

- 長径 4〜6 mm
- 短径 2.5〜4 mm

アスナロ属

種子のデータベース

スギ

| 検索表 p. 116 | 常緑針葉樹　高木　温帯　里地・里山～山地　有翼種子 | 秋 |

Cryptomeria japonica (L.f.) D.Don　　　ヒノキ科スギ属

長径　4～7 mm
短径　2～4 mm

メタセコイア

| 検索表 p. 116 | 落葉針葉樹　高木　外来（暖温帯～亜熱帯）　平野部　有翼種子 | 秋 |

Metasequoia glyptostroboides Hu et W.C.Cheng　　　ヒノキ科メタセコイア属（アケボノスギ属）

長径　3.5～6 mm
短径　2.5～5 mm

シキミ

| 検索表 p. 75 | 常緑広葉樹　小高木　暖温帯～亜熱帯　里地・里山～山地　その他 | 秋 |

Illicium anisatum L. var. *anisatum*　　　シキミ科シキミ属

長径　6～9 mm
短径　4.5～5.5 mm

サネカズラ

| 検索表 p. 45 | 常緑広葉樹　つる　暖温帯～亜熱帯　里地・里山～山地　多肉果 | 秋 |

Kadsura japonica (Thunb.) Dunal　　　マツブサ科サネカズラ属

長径　4～5.5 mm
短径　2.5～4.5 mm

ヒノキ科　スギ属　メタセコイア属（アケボノスギ属）

マツブサ科　シキミ属　サネカズラ属

種子のデータベース

チョウセンゴミシ

| 検索表 p. 45 | 落葉広葉樹　つる　冷温帯　里地・里山〜山地　多肉果 | 秋 |

Schisandra chinensis (Turcz.) Baill.　　　マツブサ科マツブサ属

長径 4〜4.5 mm
短径 2.5〜4 mm

マツブサ

| 検索表 p. 45 | 落葉広葉樹　つる　温帯　里地・里山〜山地　多肉果 | 秋 |

Schisandra repanda (Siebold et Zucc.) Radlk.　　　マツブサ科マツブサ属

長径 4.5〜5.5 mm
短径 3.5〜4.5 mm

タムシバ

| 検索表 p. 64 | 落葉広葉樹　高木　温帯　里地・里山〜山地　多肉果 | 秋 |

Magnolia salicifolia (Siebold et Zucc.) Maxim.　　　モクレン科モクレン属

長径 5.5〜8.5 mm
短径 5〜9 mm

コブシ

| 検索表 p. 67 | 落葉広葉樹　高木　温帯　里地・里山〜山地　多肉果 | 秋 |

Magnolia kobus DC. var. *kobus*　　　モクレン科モクレン属

長径 7.5〜9 mm
短径 6.5〜8 mm

マツブサ科　マツブサ属　モクレン科　モクレン属

ホオノキ

| 検索表 p. 67 | 落葉広葉樹　高木　温帯　山地　多肉果 | 秋 |

Magnolia obovata Thunb. ／ モクレン科モクレン属

長径 6〜10.5 mm
短径 6〜10 mm

オガタマノキ

| 検索表 p. 62 | 常緑広葉樹　高木　暖温帯〜亜熱帯　里地・里山〜山地　多肉果 | 秋 |

Magnolia compressa Maxim. ／ モクレン科オガタマノキ属

長径 6〜8.5 mm
短径 4.5〜8 mm

ヤブニッケイ

| 検索表 p. 48 | 常緑広葉樹　高木　暖温帯〜亜熱帯　里地・里山〜山地　多肉果 | 秋 |

Cinnamomum yabunikkei H.Ohba ／ クスノキ科ニッケイ属

長径 8〜13 mm
短径 5〜8 mm

クスノキ

| 検索表 p. 51 | 常緑広葉樹　高木　暖温帯〜亜熱帯　里地・里山〜山地　多肉果 | 秋 |

Cinnamomum camphora (L.) J.Presl ／ クスノキ科ニッケイ属

長径 5.5〜7.5 mm
短径 5〜7 mm

モクレン属／モクレン科
オガタマノキ属
ニッケイ属／クスノキ科

種子のデータベース

ゲッケイジュ

検索表 p. 51 ／ 常緑広葉樹　高木　外来（暖温帯～亜熱帯）／ 平野部　多肉果　秋

Laurus nobilis L. ｜ クスノキ科ゲッケイジュ属

長径 10～11.5 mm
短径 8～9 mm

アブラチャン

検索表 p. 27 ／ 常緑広葉樹　低木　温帯／ 里地・里山～山地　多肉果　秋

Lindera praecox (Siebold et Zucc.) Blume var. *praecox* ｜ クスノキ科クロモジ属

長径 11～13.5 mm
短径 9.5～11.5 mm

シロモジ

検索表 p. 27 ／ 落葉広葉樹　低木／ 温帯　山地　多肉果　晩秋 冬

Lindera triloba (Siebold et Zucc.) Blume ｜ クスノキ科クロモジ属

長径 10～12 mm
短径 10～11.5 mm

カナクギノキ

検索表 p. 41 ／ 落葉広葉樹　高木　温帯／ 里地・里山～山地　多肉果　秋

Lindera erythrocarpa Makino ｜ クスノキ科クロモジ属

長径 4～5 mm
短径 4～5 mm

クスノキ科　ゲッケイジュ属／クロモジ属

種子のデータベース

ヤマコウバシ

検索表 p. 51 　落葉広葉樹　低木　温帯　山地　多肉果　

Lindera glauca (Siebold et Zucc.) Blume　　クスノキ科クロモジ属

長径 4〜5 mm
短径 4〜5 mm

クロモジ

検索表 p. 52 　落葉広葉樹　低木　温帯　山地　多肉果　

Lindera umbellata Thunb. var. *umbellata*　　クスノキ科クロモジ属

長径 5.5〜7.5 mm
短径 5.5〜7 mm

ケクロモジ

検索表 p. 52 　落葉広葉樹　低木　暖温帯　山地　多肉果　

Lindera sericea (Siebold et Zucc.) Blume var. *sericea*　　クスノキ科クロモジ属

長径 6〜6.5 mm
短径 5.5〜6 mm

カゴノキ

検索表 p. 41 　常緑広葉樹　高木　暖温帯〜亜熱帯　里地・里山〜山地　多肉果　

Litsea coreana H.Lév.　　クスノキ科ハマビワ属

長径 5〜6 mm
短径 4.5〜6 mm

クロモジ属　クスノキ科　ハマビワ属

131

種子のデータベース

アオモジ

検索表 p. 51 ｜ 落葉広葉樹　小高木　暖温帯～亜熱帯　里地・里山～山地　多肉果　秋

Litsea cubeba (Lour.) Pers. ｜ クスノキ科ハマビワ属

長径　4～5.5 mm
短径　3.5～4.5 mm

バリバリノキ

検索表 p. 73 ｜ 常緑広葉樹　高木　暖温帯～亜熱帯　山地　多肉果　夏　初秋

Actinodaphne acuminata (Blume) Meisn. ｜ クスノキ科ハマビワ属

長径　12～14.5 mm
短径　6.5～8.5 mm

タブノキ

検索表 p. 54 ｜ 常緑広葉樹　高木　暖温帯～亜熱帯　里地・里山～山地　多肉果　夏　初秋

Machilus thunbergii Siebold et Zucc. ｜ クスノキ科タブノキ属

長径　9～12 mm
短径　8～11 mm

ホソバタブ

検索表 p. 54 ｜ 常緑広葉樹　高木　暖温帯　山地　多肉果　夏　初秋

Machilus japonica Siebold et Zucc. ｜ クスノキ科タブノキ属

長径　9～11 mm
短径　8～11 mm

クスノキ科／ハマビワ属／バリバリノキ属／タブノキ属

イヌガシ

| 検索表 p.57 | 常緑広葉樹　高木　暖温帯〜亜熱帯
里地・里山〜山地　多肉果 | |

Neolitsea aciculata (Blume) Koidz.　　　クスノキ科シロダモ属

- 長径 7.5〜9 mm
- 短径 5〜6.5 mm

シロダモ

| 検索表 p.57 | 常緑広葉樹　高木　暖温帯〜亜熱帯
里地・里山〜山地　多肉果 | |

Neolitsea sericea (Blume) Koidz. var. *sericea*　　　クスノキ科シロダモ属

- 長径 6.5〜9.5 mm
- 短径 7〜8 mm

センリョウ

| 検索表 p.54 | 常緑広葉樹　低木　暖温帯〜亜熱帯
山地　多肉果 | |

Sarcandra glabra (Thunb.) Nakai　　　センリョウ科センリョウ属

- 長径 2.5〜4.5 mm
- 短径 2〜4 mm

トウツルモドキ

| 検索表 p.51 | 常緑広葉樹　つる　亜熱帯
里地・里山〜山地　多肉果 | |

Flagellaria indica L.　　　トウツルモドキ科トウツルモドキ属

- 長径 4〜5 mm
- 短径 4〜5 mm

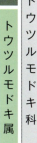

種子のデータベース

アケビ

検索表 p. 66 ｜ 落葉広葉樹　つる　温帯　里地・里山〜山地　多肉果 ｜ 秋

Akebia quinata (Houtt.) Decne. ｜ アケビ科アケビ属

長径　4〜6.5 mm
短径　3.5〜5 mm

ミツバアケビ

検索表 p. 79 ｜ 落葉広葉樹　つる　温帯　里地・里山〜山地　多肉果 ｜ 秋

Akebia trifoliata (Thunb.) Koidz. subsp. *trifoliata* ｜ アケビ科アケビ属

長径　6〜7.5 mm
短径　3〜5 mm

ムベ

検索表 p. 79 ｜ 常緑広葉樹　つる　暖温帯〜亜熱帯　山地　多肉果 ｜ 秋

Stauntonia hexaphylla (Thunb.) Decne. ｜ アケビ科ムベ属

長径　6〜9.5 mm
短径　3.5〜5.5 mm

アケビ科　アケビ属

メギ

検索表 p. 74 ｜ 落葉広葉樹　低木　温帯　里地・里山〜山地　多肉果 ｜ 秋

Berberis thunbergii DC. ｜ メギ科メギ属

長径　4〜6 mm
短径　1.5〜3 mm

メギ科　メギ属

種子のデータベース

ナンテン

Nandina domestica Thunb. | メギ科ナンテン属

検索表 p. 42 | 常緑広葉樹　低木　外来（暖温帯）　平野部　多肉果 | 秋

長径 3.5～6.5 mm
短径 2～5 mm

アワブキ

Meliosma myriantha Siebold et Zucc. | アワブキ科アワブキ属

検索表 p. 50 | 落葉広葉樹　高木　温帯　山地　多肉果 | 秋

長径 2.5～3.5 mm
短径 2.5～4 mm

ミヤマハハソ

Meliosma tenuis Maxim. | アワブキ科アワブキ属

検索表 p. 50 | 落葉広葉樹　小高木　暖温帯　里地・里山～山地　多肉果 | 秋

長径 2～4 mm
短径 2～4 mm

ヤマビワ

Meliosma rigida Siebold et Zucc. | アワブキ科アワブキ属

検索表 p. 50 | 常緑広葉樹　高木　暖温帯～亜熱帯　山地　多肉果 | 晩秋

長径 4～5.5 mm
短径 4～6 mm

種子のデータベース

ヤドリギ

| 検索表 p. 63 | 常緑広葉樹　低木
温帯　山地　多肉果 | 晩秋 冬 |

Viscum album L. subsp. *coloratum* Kom.　　　　ヤドリギ科ヤドリギ属

長径 5.5～6.5 mm
短径 4～5 mm

ビャクダン科／ヤドリギ属

ボロボロノキ

| 検索表 p. 56 | 落葉広葉樹　小高木
亜熱帯　山地　多肉果 | 春 初夏 |

Schoepfia jasminodora Siebold et Zucc.　　　　ボロボロノキ科ボロボロノキ属

長径 7.5～11 mm
短径 6～7.5 mm

ボロボロノキ科／ボロボロノキ属

トサミズキ

| 検索表 p. 72 | 落葉広葉樹　低木　暖温帯
山地　さく果 | 秋 |

Corylopsis spicata Siebold et Zucc.　　　　マンサク科トサミズキ属

長径 3.5～5 mm
短径 2～3 mm

マンサク科／トサミズキ属

マルバノキ

| 検索表 p. 75 | 落葉広葉樹　低木　暖温帯
山地　さく果 | 秋 |

Disanthus cercidifolius Maxim.　　　　マンサク科マルバノキ属

長径 4～6 mm
短径 2.5～4mm

マルバノキ属

種子のデータベース

イスノキ

検索表 p. 72 ／ 常緑広葉樹　高木　暖温帯〜亜熱帯　山地　さく果

Distylium racemosum Siebold et Zucc.　　　マンサク科イスノキ属

長径 5.5〜7 mm
短径 3〜4.5 mm

マンサク

検索表 p. 72 ／ 落葉広葉樹　高木　温帯　山地　さく果

Hamamelis japonica Siebold et Zucc. var. *japonica*　　　マンサク科マンサク属

長径 7〜8 mm
短径 3.5〜4 mm

ヒメユズリハ

検索表 p. 73 ／ 常緑広葉樹　高木　暖温帯〜亜熱帯　里地・里山〜山地　多肉果

Daphniphyllum teijsmannii Zoll. ex Kurz var. *teijsmannii*　　　ユズリハ科ユズリハ属

長径 7.5〜10 mm
短径 5〜6.5 mm

ユズリハ

検索表 p. 73 ／ 常緑広葉樹　高木　暖温帯　里地・里山〜山地　多肉果

Daphniphyllum macropodum Miq. subsp. *macropodum*　　　ユズリハ科ユズリハ属

長径 5.5〜10 mm
短径 4.5〜8 mm

マンサク科　イスノキ属／マンサク属　　ユズリハ科　ユズリハ属

ウドカズラ

検索表 p. 67 | 落葉広葉樹　つる　暖温帯　山地　多肉果 | 秋

Ampelopsis cantoniensis (Hook. et Arn.) Planch. var. *leeoides* (Maxim.) F.Y.Lu | ブドウ科ノブドウ属

長径 3〜4 mm
短径 2〜3.5 mm

ノブドウ属

ツタ

検索表 p. 67 | 落葉広葉樹　つる　温帯　里地・里山〜山地　多肉果 | 秋

Parthenocissus tricuspidata (Siebold et Zucc.) Planch. | ブドウ科ツタ属

長径 2〜5 mm
短径 2〜4 mm

ツタ属

エビヅル

検索表 p. 60 | 落葉広葉樹　つる　暖温帯　里地・里山〜山地　多肉果 | 秋

Vitis ficifolia Bunge. var. *ficifolia* | ブドウ科ブドウ属

長径 3〜5 mm
短径 2.5〜4 mm

ブドウ属

ヤマブドウ

検索表 p. 60 | 落葉広葉樹　つる　冷温帯　山地　多肉果 | 秋

Vitis coignetiae Pulliat ex Planch. | ブドウ科ブドウ属

長径 4〜6 mm
短径 3〜4.5 mm

ブドウ科

種子のデータベース

ゴンズイ

| 検索表 p. 61 | 落葉広葉樹　小高木　暖温帯～亜熱帯　里地・里山～山地　その他 | 秋 |

Euscaphis japonica (Thunb.) Kanitz　　ミツバウツギ科ゴンズイ属

長径　4～6 mm
短径　3.5～5.5 mm

ミツバウツギ科　ゴンズイ属

ミツバウツギ

| 検索表 p. 61 | 落葉広葉樹　低木　温帯　里地・里山～山地　さく果 | 秋 |

Staphylea bumalda DC.　　ミツバウツギ科ミツバウツギ属

長径　3.5～5.5 mm
短径　3～4.5 mm

ミツバウツギ科　ミツバウツギ属

キブシ

| 検索表 p. 101 | 落葉広葉樹　低木　温帯　里地・里山～山地　多肉果 | 秋 |

Stachyurus praecox Siebold et Zucc. var. *praecox*　　キブシ科キブシ属

長径　1～2 mm
短径　1～1.5 mm

キブシ科　キブシ属

モモタマナ

| 検索表 p. 22 | 落葉広葉樹　高木　亜熱帯　里地・里山～山地　その他 | 秋 |

Terminalia catappa L.　　シクンシ科モモタマナ属

長径　32～48.5 mm
短径　24～34 mm

シクンシ科　シクンシ属

種子のデータベース

フトモモ科

フトモモ属

アデク

| 検索表 p.56 | 常緑広葉樹　小高木　暖温帯〜亜熱帯
里地・里山〜山地　多肉果 | |

Syzygium buxifolium Hook. et Arn. ｜フトモモ科フトモモ属

長径 4.5〜7 mm
短径 4〜7 mm

ツルウメモドキ属

ツルウメモドキ

| 検索表 p.75 | 落葉広葉樹　つる　温帯
里地・里山〜山地　多肉果 | 秋 |

Celastrus orbiculatus Thunb. var. *orbiculatus* ｜ニシキギ科ツルウメモドキ属

長径 3〜5.5 mm
短径 2〜3 mm

ニシキギ科

ニシキギ属

マユミ

| 検索表 p.52 | 落葉広葉樹　小高木　温帯
山地　多肉果 | 秋 |

Euonymus sieboldianus Blume var. *sieboldianus* ｜ニシキギ科ニシキギ属

長径 3.5〜6 mm
短径 2.5〜4 mm

ヒロハツリバナ

| 検索表 p.53 | 落葉広葉樹　小高木　冷温帯
山地　多肉果 | 秋 |

Euonymus macropterus Rupr. ｜ニシキギ科ニシキギ属

長径 4〜4.5 mm
短径 3〜3.5 mm

ニシキギ

| 検索表 p. 53 | 落葉広葉樹　低木　温帯 山地　多肉果 |

Euonymus alatus (Thunb. ex Murray) Siebold var. *alatus*　　ニシキギ科ニシキギ属

長径　3〜5 mm
短径　2〜4 mm

サワダツ

| 検索表 p. 62 | 落葉広葉樹　低木　温帯 里地・里山〜山地　多肉果 |

Euonymus melananthus Franch. et Sav.　　ニシキギ科ニシキギ属

長径　3〜6 mm
短径　2.5〜5 mm

マサキ

| 検索表 p. 69 | 落葉広葉樹　低木　暖温帯〜亜熱帯 海岸〜平野部　多肉果 |

Eunymus japonicus Thunb. var. *japonicus*　　ニシキギ科ニシキギ属

長径　3.5〜5.5 mm
短径　3〜5 mm

ツルマサキ

| 検索表 p. 75 | 常緑広葉樹　つる　温帯 山地　多肉果 |

Euonymus fortunei (Turcz.) Hand.-Mazz. var. *fortunei*　　ニシキギ科ニシキギ属

長径　3〜5 mm
短径　2〜3.5 mm

ニシキギ科　ニシキギ属

種子のデータベース

ツリバナ

検索表 p.76 ／ 落葉広葉樹　小高木　温帯　里地・里山～山地　多肉果　秋

Euonymus oxyphyllus Miq. var. *oxyphyllus*　　ニシキギ科ニシキギ属

長径 3.5～6 mm
短径 2～4 mm

ニシキギ属

クロヅル

検索表 p.84 ／ 落葉広葉樹　つる　冷温帯　山地　多肉果　秋

Tripterygium regelii Sprague et Takeda var. *regelii*　　ニシキギ科クロヅル属

長径 4～5 mm
短径 2.5～3 mm

クロヅル属

イイギリ

検索表 p.88 ／ 落葉広葉樹　高木　温帯　山地　多肉果　秋

Idesia polycarpa Maxim.　　ヤナギ科イイギリ属

長径 1.5～2 mm
短径 1～1.5 mm

イイギリ属

クスドイゲ

検索表 p.69 ／ 落葉広葉樹　低木　暖温帯～亜熱帯　海岸～平野部　多肉果　秋

Xylosma congestum (Lour.) Merr.　　ヤナギ科クスドイゲ属

長径 3～4 mm
短径 2～3 mm

クスドイゲ属

ニシキギ科 ／ ヤナギ科

種子のデータベース

タチヤナギ

| 検索表 p. 117 | 落葉広葉樹　小高木　温帯　山地　さく果 | |

Salix triandra L. ／ ヤナギ科ヤナギ属

- 長径 0.5〜1 mm
- 短径 0.5 mm未満

エゾノキヌヤナギ

| 検索表 p. 117 | 落葉広葉樹　高木　亜寒帯〜冷温帯　里地・里山〜山地　さく果 | |

Salix schwerinii E.L.Wolf ／ ヤナギ科ヤナギ属

- 長径 1〜1.5 mm
- 短径 0.5 mm前後

シロヤナギ

| 検索表 p. 117 | 落葉広葉樹　高木　冷温帯　山地　さく果 | |

Salix dolichostyla Seemen subsp. *dolichostyla* ／ ヤナギ科ヤナギ属

- 長径 1〜1.5 mm
- 短径 0.5 mm前後

オノエヤナギ

| 検索表 p. 117 | 落葉広葉樹　高木　冷温帯　山地　さく果 | |

Salix udensis Trautv. et C.A.Mey. ／ ヤナギ科ヤナギ属

- 長径 1〜1.5 mm
- 短径 0.5 mm前後

ヤナギ科　ヤナギ属

種子のデータベース

オオバヤナギ

検索表 p. 117 | 落葉広葉樹　高木　冷温帯　山地　さく果　夏 切秋

Salix cardiophylla Trautv. et C.A.Mey. var. *urbaniana* (Seemen) Kudô | ヤナギ科ヤナギ属

長径 2〜3 mm
短径 0.5 mm未満

アカメガシワ

検索表 p. 70 | 落葉広葉樹　高木　暖温帯〜亜熱帯　里地・里山〜山地　多肉果　秋

Mallotus japonicus (L.f.) Muell.Arg. | トウダイグサ科アカメガシワ属

長径 2.5〜5 mm
短径 2.5〜4 mm

シラキ

検索表 p. 41 | 落葉広葉樹　小高木　暖温帯〜亜熱帯　山地　さく果　秋

Neoshirakia japonica (Siebold et Zucc.) Esser | トウダイグサ科シラキ属

長径 7〜8.5 mm
短径 6〜8.5 mm

ナンキンハゼ

検索表 p. 70 | 落葉広葉樹　高木　外来(暖温帯〜亜熱帯)　平野部　さく果　秋

Triadica sebiferum (L.) Small | トウダイグサ科ナンキンハゼ属

長径 7.5〜9 mm
短径 6〜7.5 mm

ヤマヒハツ

Antidesma japonicum Siebold et Zucc.

検索表 p. 84 ／ 常緑広葉樹　低木　暖温帯〜亜熱帯　里地・里山〜山地　多肉果　晩秋　冬

ミカンソウ科ヤマヒハツ属

長径 3〜4.5 mm
短径 2〜3 mm

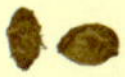

アカギ

Bischofia javanica Blume

検索表 p. 84 ／ 常緑広葉樹　高木　亜熱帯　平野部〜里地・里山　多肉果　晩秋　冬

ミカンソウ科アカギ属

長径 3〜4.5 mm
短径 2〜3.5 mm

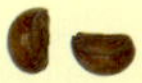

テリハボク

Calophyllum inophyllum L.

検索表 p. 27 ／ 常緑広葉樹　高木　亜熱帯　海岸　多肉果　晩秋　冬

テリハボク科　テリハボク属

長径 24.5〜29 mm
短径 22〜26 mm

コバンモチ

Elaeocarpus japonicus Siebold et Zucc.

検索表 p. 34 ／ 常緑広葉樹　小高木　暖温帯〜亜熱帯　山地　多肉果　晩秋　冬

ホルトノキ科ホルトノキ属

長径 5〜9.5 mm
短径 4〜7 mm

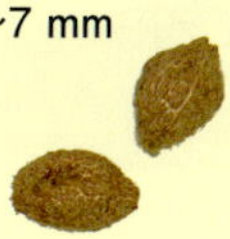

ホルトノキ

検索表 p. 38 　常緑広葉樹　高木　暖温帯～亜熱帯　山地　多肉果

Elaeocarpus zollingeri K.Koch var. *zollingeri*　　ホルトノキ科ホルトノキ属

長径 14～18 mm
短径 6.5～7.5 mm

ネムノキ

検索表 p. 47 　落葉広葉樹　高木　暖温帯～亜熱帯　平野部～里地・里山　豆果

Albizia julibrissin Durazz. var. *julibrissin*　　マメ科ネムノキ属

長径 5.5～8 mm
短径 3.5～5 mm

ハナズオウ

検索表 p. 62 　落葉広葉樹　小高木　外来（温帯）　平野部　豆果

Cercis chinensis Bunge　　マメ科ハナズオウ属

長径 4～4.5 mm
短径 3～3.5 mm

ミヤマトベラ

検索表 p. 73 　常緑広葉樹　低木　暖温帯　山地　多肉果

Euchresta japonica Hook. f. ex Maxim　　マメ科ミヤマトベラ属

長径 11～17 mm
短径 6～9 mm

種子のデータベース

ギンゴウカン

| 検索表 p. 47 | 常緑広葉樹　小高木　外来(亜熱帯)
海岸～平野部　豆果 | 年中 |

Leucaena leucocephala (Lam.) de Wit　　　　マメ科ギンゴウカン属

- 長径　6～7.5 mm
- 短径　3～5 mm

イヌエンジュ

| 検索表 p. 45 | 落葉広葉樹　小高木　冷温帯
里地・里山～山地　豆果 | 秋 |

Maackia amurensis Rupr. et Maxim. subsp. buegeri (Maxim) Kitam.　　マメ科イヌエンジュ属

- 長径　5.5～7 mm
- 短径　3～4 mm

シマエンジュ

| 検索表 p. 82 | 落葉広葉樹　低木　暖温帯～亜熱帯
海岸～平野部　豆果 | 秋 |

Maackia tashiroi (Yatabe) Makino　　　　マメ科イヌエンジュ属

- 長径　6～7.5 mm
- 短径　4～4.5 mm

エンジュ

| 検索表 p. 64 | 落葉広葉樹　高木　外来(冷温帯)
平野部　豆果 | 秋 |

Styphnolobium japonicum (L.) Schott.　　　　マメ科エンジュ属

- 長径　7～11 mm
- 短径　5.5～7 mm

マメ科　ギンゴウカン属／イヌエンジュ属／エンジュ属

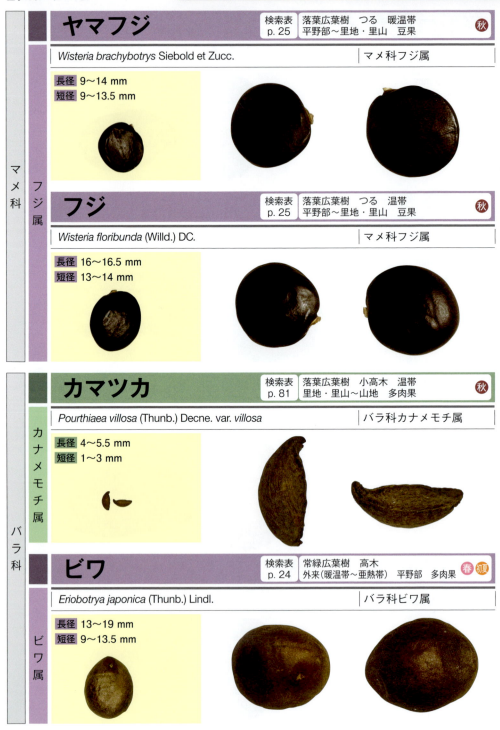

種子のデータベース

エゾノコリンゴ

検索表 p. 85 ／ 落葉広葉樹　小高木　冷温帯　山地　多肉果

Malus baccata Borkh. var. *mandshurica* (Maxim.) C.K.Schneid. ／ バラ科リンゴ属

長径 3.5〜5 mm
短径 2〜2.5 mm

ズミ

検索表 p. 102 ／ 落葉広葉樹　小高木　冷温帯　山地　多肉果

Malus toringo (Siebold) Siebold ex de Vriese ／ バラ科リンゴ属

長径 2〜3 mm
短径 1〜2 mm

オオウラジロノキ

検索表 p. 83 ／ 落葉広葉樹　高木　冷温帯　山地　多肉果

Malus tschonoskii (Maxim.) C.K.Schneid. ／ バラ科リンゴ属

長径 5〜7.5 mm
短径 3〜4 mm

カンヒザクラ

検索表 p. 79 ／ 落葉広葉樹　小高木　外来（暖温帯〜亜熱帯）平野部　多肉果

Prunus cerasoides D.Don var. *campanulata* (Maxim.) Koidz. ／ バラ科サクラ属

長径 8〜10 mm
短径 5〜7.5 mm

バラ科 — リンゴ属 / サクラ属

149

ウワミズザクラ

Prunus grayana Maxim. | バラ科サクラ属

検索表 p.78 | 落葉広葉樹　高木　温帯　里地・里山～山地　多肉果 | 夏 初秋

長径 5.5～7 mm
短径 3.5～4.5 mm

ヤマザクラ

Prunus jamasakura Siebold ex Koidz. var. *jamasakura* | バラ科サクラ属

検索表 p.59 | 落葉広葉樹　高木　温帯　里地・里山～山地　多肉果 | 春 初夏

長径 5～6.5 mm
短径 4.5～6 mm

ニワウメ

Prunus japonica Thunb. | バラ科サクラ属

検索表 p.57 | 落葉広葉樹　低木　外来(暖温帯～亜熱帯)　平野部　多肉果 | 夏 初秋

長径 6.5～9 mm
短径 4.5～6 mm

カスミザクラ

Prunus levelleana Koehne | バラ科サクラ属

検索表 p.59 | 落葉広葉樹　高木　温帯　山地　多肉果 | 春 初夏

長径 4.5～6.5 mm
短径 3.5～6 mm

種子のデータベース

タカネザクラ

検索表 p. 79 　落葉広葉樹　小高木　亜寒帯～冷温帯　山地～亜高山　多肉果

Prunus nipponica Matsum. var. *nipponica* 　バラ科サクラ属

長径 5.5～7.5 mm
短径 4.5～5 mm

リンボク

検索表 p. 37 　落葉広葉樹　小高木　暖温帯～亜熱帯　山地　多肉果

Prunus spinulosa Siebold et Zucc. 　バラ科サクラ属

長径 8～10 mm
短径 5～6 mm

ユスラウメ

検索表 p. 57 　落葉広葉樹　低木　外来（冷温帯）　平野部　多肉果

Prunus tomentosa Thunb. 　バラ科サクラ属

長径 9～10 mm
短径 6～6.5 mm

バクチノキ

検索表 p. 37 　常緑広葉樹　高木　暖温帯～亜熱帯　山地　多肉果

Prunus zippeliana Miq. 　バラ科サクラ属

長径 13.5～14 mm
短径 6～6.5 mm

バラ科　サクラ属

タチバナモドキ

| 検索表 p. 101 | 常緑広葉樹　低木　外来(暖温帯～亜熱帯)　平野部　多肉果 | 秋 |

Pyracantha angustifolia (Franch.) C.K.Schneid.　　　バラ科トキワサンザシ属

長径 2.5～3.5 mm
短径 1.5～2.5 mm

トキワサンザシ属

ミチノクナシ

| 検索表 p. 82 | 落葉広葉樹　高木　冷温帯　里地・里山～山地　多肉果 | 秋 |

Pyrus ussuriensis Maxim. var. *ussuriensis*　　　バラ科ナシ属

長径 5～6 mm
短径 3.5～4 mm

ヤマナシ

| 検索表 p. 83 | 落葉広葉樹　高木　温帯　里地・里山～山地　多肉果 | 秋 |

Pyrus pyrifolia (Burm.f.) Nakai var. *pyrifolia*　　　バラ科ナシ属

長径 5～6.5 mm
短径 3～4 mm

ナシ属

シャリンバイ

| 検索表 p. 57 | 常緑広葉樹　低木　暖温帯～亜熱帯　海岸～平野部　多肉果 | 秋 |

Rhaphiolepis indica (L.) Lindl. var. *umbellata* (Thunb.) H.Ohashi　　　バラ科シャリンバイ属

長径 5.5～9 mm
短径 5～9 mm

シャリンバイ属

バラ科

シロヤマブキ

検索表 p. 81 　落葉広葉樹　低木　暖温帯　山地　その他　秋

Rhodotypos scandens (Thunb.) Makino 　バラ科シロヤマブキ属

長径 7〜8 mm
短径 5〜8 mm

ハマナシ(ハマナス)

検索表 p. 86 　落葉広葉樹　低木　亜寒帯〜冷温帯　海岸〜平野部　多肉果　夏 初秋

Rosa rugosa Thunb. 　バラ科バラ属

長径 3〜5.5 mm
短径 2〜3.5 mm

モリイバラ

検索表 p. 86 　落葉広葉樹　低木　冷温帯　山地　多肉果　秋

Rosa onoei Makino var. hakonensis (Franch. et Sav.) H. Ohba 　バラ科バラ属

長径 3.5〜5 mm
短径 2〜4 mm

ノイバラ

検索表 p. 86 　落葉広葉樹　低木　温帯　里地・里山〜山地　多肉果　秋

Rosa multiflora Thunb. var. multiflora 　バラ科バラ属

長径 2.5〜5 mm
短径 1〜3.5 mm

種子のデータベース

テリハノイバラ

| 検索表 p.99 | 落葉広葉樹　低木　温帯
里地・里山〜山地　多肉果 | 秋 |

Rosa luciae Franch. et Rochebr var. *luciae* ｜ バラ科バラ属

長径 2〜3 mm
短径 1〜2 mm

クロイチゴ

| 検索表 p.36 | 落葉広葉樹　低木　冷温帯
山地　多肉果 | 夏 初秋 |

Rubus mesogaeus Focke var. *mesogaeus* ｜ バラ科キイチゴ属

長径 2〜4 mm
短径 2〜3 mm

フユイチゴ

| 検索表 p.90 | 常緑広葉樹　低木　暖温帯〜亜熱帯
里地・里山〜山地　多肉果 | 晩秋 冬 |

Rubus buergeri Miq. ｜ バラ科キイチゴ属

長径 1.5〜3 mm
短径 1〜2 mm

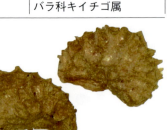

ミヤマフユイチゴ

| 検索表 p.90 | 常緑広葉樹　低木　暖温帯
里地・里山〜山地　多肉果 | 晩秋 冬 |

Rubus hakonensis Franch. et Sav. ｜ バラ科キイチゴ属

長径 2 mm前後
短径 1〜2 mm

バラ科　バラ属　キイチゴ属

種子のデータベース

コバノフユイチゴ

| 検索表 p.90 | 常緑広葉樹　低木　冷温帯　山地　多肉果 | 夏 初秋 |

Rubus pectinellus Maxim. — バラ科キイチゴ属

長径　2～3 mm
短径　1～2 mm

ヒメバライチゴ

| 検索表 p.91 | 落葉広葉樹　低木　暖温帯　山地　多肉果 | 夏 初秋 |

Rubus minusculus H.Lév. et Vaniot — バラ科キイチゴ属

長径　1～1.5 mm
短径　0.5～1 mm

ビロードイチゴ

| 検索表 p.91 | 落葉広葉樹　低木　暖温帯　山地　多肉果 | 春 初夏 |

Rubus corchorifolius L.f. — バラ科キイチゴ属

長径　1～2 mm
短径　1～1.5 mm

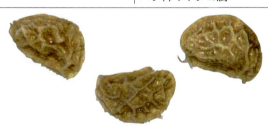

クサイチゴ

| 検索表 p.91 | 落葉広葉樹　低木　暖温帯　里地・里山～山地　多肉果 | 春 初夏 |

Rubus hirsutus Thunb. — バラ科キイチゴ属

長径　1～2 mm
短径　0.5～1 mm

バラ科キイチゴ属

モミジイチゴ

検索表 p.92 ｜ 落葉広葉樹　低木　冷温帯　里地・里山～山地　多肉果 ｜ 春 初夏

Rubus palmatus Thunb. ex Murray var. *coptophyllus* (A.Gray) Kuntze ex Koidz. ｜ バラ科キイチゴ属

長径 1.5～2.5 mm
短径 1～2 mm

バライチゴ

検索表 p.92 ｜ 落葉広葉樹　低木　冷温帯　山地　多肉果 ｜ 夏 初秋

Rubus illecebrosus Focke var. *illecebrosus* ｜ バラ科キイチゴ属

長径 1.5～2.5 mm
短径 1～1.5 mm

クマイチゴ

検索表 p.92 ｜ 落葉広葉樹　低木　温帯　里地・里山～山地　多肉果 ｜ 夏 初秋

Rubus crataegifolius Bunge ｜ バラ科キイチゴ属

長径 1～2.5 mm
短径 0.5～1.5 mm

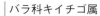

カジイチゴ

検索表 p.92 ｜ 落葉広葉樹　低木　暖温帯～亜熱帯　海岸～平野部　多肉果 ｜ 春 初夏

Rubus trifidus Thunb. ｜ バラ科キイチゴ属

長径 1.5～2.5 mm
短径 1～2 mm

エビガライチゴ

Rubus phoenicolasius Maxim.

検索表 p.92 ／ 落葉広葉樹　低木　温帯／山地　多肉果 ／ 夏・初秋／バラ科キイチゴ属

- 長径 1.5～3 mm
- 短径 1～1.5 mm

ミヤマニガイチゴ

Rubus subcrataegifolius (H. Lév. et Vaniot) H. Lév.

検索表 p.92 ／ 落葉広葉樹　低木　冷温帯／山地　多肉果 ／ 夏・初秋／バラ科キイチゴ属

- 長径 1.5～2.5 mm
- 短径 1～2 mm

ニガイチゴ

Rubus microphyllus L. f.

検索表 p.93 ／ 落葉広葉樹　低木　温帯／里地・里山～山地　多肉果 ／ 夏・初秋／バラ科キイチゴ属

- 長径 2～2.5 mm
- 短径 1～2 mm

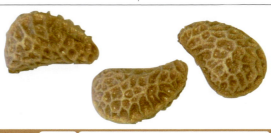

ナワシロイチゴ

Rubus parvifolius L. var. *parvifolius*

検索表 p.93 ／ 落葉広葉樹　低木　亜寒帯～冷温帯／里地・里山～山地　多肉果 ／ 春・初夏／バラ科キイチゴ属

- 長径 2～3 mm
- 短径 1～2 mm

種子のデータベース

ホウロクイチゴ

検索表 p. 93 | 常緑広葉樹　低木　暖温帯〜亜熱帯　山地　多肉果 | 春 初夏

Rubus sieboldii Blume ｜ バラ科キイチゴ属

長径 1.5〜3 mm
短径 0.5〜2 mm

ウラジロノキ

検索表 p. 81 | 落葉広葉樹　高木　温帯　山地〜亜高山　多肉果 | 秋

Aria japonica Decne. ｜ バラ科ウラジロノキ属

長径 5〜7 mm
短径 2〜3.5 mm

アズキナシ

検索表 p. 81 | 落葉広葉樹　高木　温帯　里地・里山〜山地　多肉果 | 秋

Aria alnifolia (Siebold et Zucc.) Decne. ｜ バラ科ナナカマド属

長径 4〜5 mm
短径 2〜2.5 mm

ナンキンナナカマド

検索表 p. 85 | 落葉広葉樹　低木　冷温帯　山地　多肉果 | 秋

Sorbus matsumurana (Makino) Koehne f. *pseudogracilis* (Koidz.) Ohwi ｜ バラ科ナナカマド属

長径 3.5〜4.5 mm
短径 1〜3 mm

バラ科／キイチゴ属／アズキナシ属／ナナカマド属

ナナカマド

Sorbus commixta Hedl. var. *commixta*

検索表 p. 85　落葉広葉樹　高木　亜寒帯～冷温帯　山地～亜高山　多肉果　秋

バラ科ナナカマド属

長径 3～4 mm
短径 1～2 mm

アイズシモツケ

Spiraea chamaedryfolia L. var. *pilosa* (Nakai) H.Hara

検索表 p. 98　落葉広葉樹　低木　冷温帯　山地　その他　夏　初秋

バラ科シモツケ属

長径 1～1.5 mm
短径 0.5 mm前後

コゴメウツギ

Neillia incisa (Thunb.) S.H.Oh var. *incisa*

検索表 p. 100　落葉広葉樹　低木　温帯　里地・里山～山地　その他　秋

バラ科コゴメウツギ属

長径 1～2 mm
短径 1～2 mm

アキグミ

Elaeagnus umbellata Thunb.

検索表 p. 40　落葉広葉樹　低木　温帯　里地・里山～山地　多肉果　秋

グミ科グミ属

長径 4～7.5 mm
短径 2～3 mm

バラ科 / ナナカマド属 / シモツケ属 / コゴメウツギ属 / グミ科 / グミ属

種子のデータベース

ツルグミ

| 検索表 p. 40 | 常緑広葉樹　つる　暖温帯～亜熱帯
里地・里山～山地　多肉果 | 春 複夏 |

Elaeagnus glabra Thunb. var. *glabra* ／ グミ科グミ属

- 長径 13～18 mm
- 短径 3.5～6 mm

クマヤナギ

| 検索表 p. 74 | 落葉広葉樹　つる　温帯
里地・里山～山地　多肉果 | 夏 初秋 |

Berchemia racemosa Siebold et Zucc. var. *racemosa* ／ クロウメモドキ科クマヤナギ属

- 長径 4～5 mm
- 短径 2～3.5 mm

ケンポナシ

| 検索表 p. 63 | 落葉広葉樹　高木　温帯
里地・里山～山地　多肉果 | 秋 |

Hovenia dulcis Thunb. ／ クロウメモドキ科ケンポナシ属

- 長径 3.5～5 mm
- 短径 2.5～4.5 mm

ネコノチチ

| 検索表 p. 71 | 落葉広葉樹　小高木　暖温帯～亜熱帯
山地　多肉果 | 夏 初秋 |

Rhamnella franguloides (Maxim.) Weberb. var. *franguloides* ／ クロウメモドキ科ネコノチチ属

- 長径 7～8 mm
- 短径 2.5～3.5 mm

グミ科／クロウメモドキ科

イソノキ

| 検索表 p. 61 | 落葉広葉樹　低木　暖温帯　里地・里山～山地　多肉果 | 秋 |

Frangula crenata (Sieboldrt Zucc.) Miq. var. *crenata*　　　クロウメモドキ科クロウメモドキ属

- 長径　3.5～5 mm
- 短径　2.5～4 mm

クロウメモドキ

| 検索表 p. 70 | 落葉広葉樹　低木　冷温帯　山地　多肉果 | 秋 |

Rhamnus japonica Maxim. var. *decipiens* Maxim.　　　クロウメモドキ科クロウメモドキ属

- 長径　4.5～6 mm
- 短径　3～4 mm

クロカンバ

| 検索表 p. 70 | 落葉広葉樹　低木　冷温帯　山地　多肉果 | 秋 |

Rhamnus costata Maxim.　　　クロウメモドキ科クロウメモドキ属

- 長径　4.5～6 mm
- 短径　3.5～4.5 mm

ケヤキ

| 検索表 p. 50 | 落葉広葉樹　高木　温帯　里地・里山～山地　その他 | 秋 |

Zelkova serrata (Thunb.) Makino　　　ニレ科ケヤキ属

- 長径　3～4 mm
- 短径　3～4 mm

ムクノキ

検索表 p. 61 ／ 落葉広葉樹　高木　暖温帯〜亜熱帯　里地・里山〜山地　多肉果　秋

Aphananthe aspera (Thunb. ex Murray) Planch. ｜ アサ科ムクノキ属

長径 7〜9 mm
短径 6.5〜8 mm

エゾエノキ

検索表 p. 49 ／ 落葉広葉樹　高木　冷温帯　山地　多肉果　秋

Celtis jessoensis Koidz. ｜ アサ科エノキ属

長径 5〜6 mm
短径 4〜5 mm

エノキ

検索表 p. 49 ／ 落葉広葉樹　高木　暖温帯　里地・里山〜山地　多肉果　秋

Celtis sinensis Pers. ｜ アサ科エノキ属

長径 4〜5 mm
短径 3.5〜4.5 mm

コウゾ

検索表 p. 88 ／ 落葉広葉樹　低木　冷温帯〜亜熱帯　平野部〜里地・里山　多肉果　夏　初秋

Broussonetia × *kazinoki* Siebold ｜ クワ科カジノキ属

長径 1〜2 mm
短径 1〜2 mm

アサ科 — ムクノキ属／エノキ属
クワ科 — カジノキ属

種子のデータベース

ツルコウゾ

検索表 p. 88　落葉広葉樹　つる　暖温帯～亜熱帯　山地　多肉果　夏・初秋

Broussonetia kaempferi Siebold　　クワ科カジノキ属

- 長径 1～2 mm
- 短径 1～2 mm

ガジュマル

検索表 p. 100　常緑広葉樹　高木　亜熱帯　海岸～平野部　多肉果　年中

Ficus microcarpa L. f.　　クワ科イチジク属

- 長径 1 mm前後
- 短径 0.5～1 mm

イヌビワ

検索表 p. 101　落葉広葉樹　低木　暖温帯～亜熱帯　里地・里山～山地　多肉果　秋

Ficus erecta Thunb. var. *erecta*　　クワ科イチジク属

- 長径 1～2 mm
- 短径 0.5～1.5 mm

ヤマグワ

検索表 p. 100　落葉広葉樹　小高木　温帯　里地・里山～山地　多肉果　夏・初秋

Morus australis Poir.　　クワ科クワ属

- 長径 1～2 mm
- 短径 0.5～1.5 mm

カジノキ属　イチジク属　クワ属　クワ科

種子のデータベース

クリ

検索表 p. 14 ｜ 落葉広葉樹　高木　温帯　／　里地・里山〜山地　堅果　㊗秋

Castanea crenata Siebold et Zucc. ｜ ブナ科クリ属

- 長径 19〜28.5 mm
- 短径 19〜25 mm
- 総苞 球状で棘を密生

ツブラジイ

検索表 p. 15 ｜ 常緑広葉樹　高木　暖温帯　／　里地・里山〜山地　堅果　㊗秋

Castanopsis cuspidata (Thunb. ex Murray) Schottky ｜ ブナ科シイ属

- 長径 9〜14.5 mm
- 短径 6.5〜10.5 mm
- 殻斗 広卵形
- 総苞片 環状

スダジイ

検索表 p. 15 ｜ 常緑広葉樹　高木　暖温帯〜亜熱帯　／　里地・里山〜山地　堅果　㊗秋

Castanopsis sieboldii (Makino) Hatus. ex T.Yamaz. et Mashiba subsp. *sieboldii* ｜ ブナ科シイ属

- 長径 13〜20 mm
- 短径 7〜10 mm
- 殻斗 卵形
- 総苞片 環状

クリ属 ／ シイ属 ／ ブナ科

種子のデータベース

ブナ

| 検索表 p.20 | 落葉広葉樹　高木　冷温帯　山地　堅果 | 秋 |

Fagus crenata Blume　　　　　　　　　　ブナ科ブナ属

- 長径　11〜14.5 mm
- 短径　5.5〜7 mm
- 総苞　堅果より大きく、細長い鱗片に被われる

[太平洋型]

[日本海型]

[太平洋型]

[日本海型]

イヌブナ

| 検索表 p.20 | 落葉広葉樹　高木　冷温帯　山地　堅果 | 秋 |

Fagus japonica Maxim　　　　　　　　　　ブナ科ブナ属

- 長径　10〜12 mm
- 短径　5.5〜7 mm
- 総苞　堅果の半分大で、鱗片は目立たない

マテバシイ

| 検索表 p.20 | 常緑広葉樹　高木　暖温帯〜亜熱帯　里地・里山〜山地　堅果 | 秋 |

Lithocarpus edulis (Makino) Nakai　　　　ブナ科マテバシイ属

- 長径　20〜29.5 mm
- 短径　11〜15 mm
- 殻斗　椀形
- 総苞片　瓦重ね状

ブナ属

ブナ科

マテバシイ属

種子のデータベース

シリブカガシ

| 検索表 p. 20 | 常緑広葉樹　高木　暖温帯〜亜熱帯
里地・里山〜山地　堅果 | 秋 |

Lithocarpus glaber (Thunb.) Nakai　　　　ブナ科マテバシイ属

長径　14〜19.5 mm
短径　8〜13.5 mm
殻斗　椀形
総苞片　瓦重ね状

＊座のくぼみ方はマテバシイに比べて著しい

ウラジロガシ

| 検索表 p. 16 | 常緑広葉樹　高木　暖温帯〜亜熱帯
里地・里山〜山地　堅果 | 秋 |

Quercus salicina Blume　　　　ブナ科コナラ属

長径　16〜23 mm
短径　8〜12.5 mm
殻斗　半球形
総苞片　環状

アラカシ

| 検索表 p. 16 | 常緑広葉樹　高木　暖温帯〜亜熱帯
里地・里山〜山地　堅果 | 秋 |

Quercus glauca Thunb. var. *glauca*　　　　ブナ科コナラ属

長径　14〜18 mm
短径　11〜13.5 mm
殻斗　椀形
総苞片　環状

＊アマミアラカシはひとまわり大きい
　狭卵形（長径26 mm，短径13 mm）

ブナ科　マテバシイ属　コナラ属

ウバメガシ

検索表 p.16 | 常緑広葉樹　小高木　温帯　海岸～里地・里山　堅果 | 秋

Quercus phillyraeoides A.Gray　　ブナ科コナラ属

- 長径 16～24.5 mm
- 短径 9～13.5 mm
- 殻斗 杯形
- 総苞片 瓦重ね状

イチイガシ

検索表 p.16 | 常緑広葉樹　高木　暖温帯～亜熱帯　里地・里山～山地　堅果 | 秋

Quercus gilva Blume　　ブナ科コナラ属

- 長径 13.5～21 mm
- 短径 9～14 mm
- 殻斗 杯形
- 総苞片 環状

コナラ

検索表 p.17 | 落葉広葉樹　高木　温帯　里地・里山～山地　堅果 | 秋

Quercus serrata Murray　　ブナ科コナラ属

- 長径 18～24.5 mm
- 短径 8.5～11 mm
- 殻斗 杯形
- 総苞片 瓦重ね状

カシワ

|検索表 p. 17|落葉広葉樹　高木　温帯　平野部〜里地・里山　堅果|秋|

Quercus dentata Thunb. ／ ブナ科コナラ属

- 長径 17〜22 mm
- 短径 11〜15 mm
- 殻斗 杯形
- 総苞片 披針形、上部で反り返る

ナラガシワ

|検索表 p. 17|落葉広葉樹　高木　温帯　里地・里山〜山地　堅果|秋|

Quercus aliena Blume ／ ブナ科コナラ属

- 長径 20〜25 mm
- 短径 11.5〜16 mm
- 殻斗 杯形
- 総苞片 瓦重ね状

ミズナラ

|検索表 p. 17|落葉広葉樹　高木　冷温帯　山地　堅果|秋|

Quercus crispula Blume var. *crispula* ／ ブナ科コナラ属

- 長径 16.5〜30 mm
- 短径 10.5〜18 mm
- 殻斗 杯形
- 総苞片 瓦重ね状

種子のデータベース

シラカシ

検索表 p.18　常緑広葉樹　高木　暖温帯　里地・里山〜山地　堅果　秋

Quercus myrsinifolia Blume　　ブナ科コナラ属

長径　13〜19 mm
短径　8.5〜13 mm
殻斗　半球形
総苞片　環状

ツクバネガシ

検索表 p.19　常緑広葉樹　高木　暖温帯　里地・里山〜山地　堅果　秋

Quercus sessilifolia Blume　　ブナ科コナラ属

長径　15〜23 mm
短径　9.5〜14 mm
殻斗　杯形
総苞片　環状

ハナガガシ

検索表 p.19　常緑広葉樹　高木　暖温帯　里地・里山〜山地　堅果　秋

Quercus hondae Makino　　ブナ科コナラ属

長径　18〜21.5 mm
短径　11〜12.5 mm
殻斗　半球形
総苞片　環状

ブナ科　コナラ属

169

アカガシ

| 検索表 p.19 | 常緑広葉樹　高木　暖温帯 里地・里山〜山地　堅果 | 秋 |

Quercus acuta Thunb. ブナ科コナラ属

- 長径　20.5〜27 mm
- 短径　11〜14.5 mm
- 殻斗　杯形
- 総苞片　環状

オキナワウラジロガシ

| 検索表 p.19 | 常緑広葉樹　高木　亜熱帯 里地・里山〜山地　堅果 | 晩秋 冬 |

Quercus miyagii Koidz. ブナ科コナラ属

- 長径　22.5〜31.5 mm
- 短径　17〜24.5 mm
- 殻斗　半球形
- 総苞片　環状

クヌギ

| 検索表 p.19 | 落葉広葉樹　高木　暖温帯〜亜熱帯 里地・里山〜山地　堅果 | 秋 |

Quercus acutissima Carruth. ブナ科コナラ属

- 長径　17〜26.5 mm
- 短径　16.5〜26 mm
- 殻斗　半球形
- 総苞片　広線形でほぼ全体反り返る

アベマキ

検索表 p. 19 ／ 落葉広葉樹　高木　暖温帯〜亜熱帯　里地・里山〜山地　堅果　秋

Quercus variabilis Blume　　　ブナ科コナラ属

- 長径 22〜25 mm
- 短径 16〜20 mm
- 殻斗 半球形
- 総苞片 披針形で中〜下部で反り返る

ブナ科／コナラ属

ヤマモモ

検索表 p. 34 ／ 常緑広葉樹　高木　暖温帯〜亜熱帯　里地・里山〜山地　多肉果　春 初夏

Myrica rubra Siebold et Zucc.　　　ヤマモモ科ヤマモモ属

- 長径 5.5〜10.5 mm
- 短径 5〜8 mm

ヤチヤナギ

検索表 p. 97 ／ 落葉広葉樹　低木　亜寒帯〜冷温帯　平野部　堅果　夏 初秋

Myrica gole L. var. tomentosa C. DC.　　　ヤマモモ科ヤマモモ属

- 長径 1〜2 mm
- 短径 1〜2 mm

ヤマモモ科／ヤマモモ属

ハンノキ

検索表 p. 115 ／ 落葉広葉樹　高木　温帯　里地・里山〜山地　翼果　秋

Alnus japonica (Thunb.) Steud.　　　カバノキ科ハンノキ属

- 長径 3〜4 mm
- 短径 2.5〜4 mm

カバノキ科／ハンノキ属

ヤマハンノキ

検索表 p. 115 | 落葉広葉樹　高木　温帯 / 里地・里山〜山地　翼果 | 秋

Alnus hirsuta (Spach) Turcz. ex Rupr. var. *sibirica* (Spach) C.K.Schneid. ｜カバノキ科ハンノキ属

長径 2〜3 mm
短径 1〜2 mm

ヤシャブシ

検索表 p. 115 | 落葉広葉樹　小高木　温帯 / 山地　翼果 | 秋

Alnus firma Siebold et Zucc. var. *firma* ｜カバノキ科ハンノキ属

長径 2.5〜5 mm
短径 1〜2 mm

オオバヤシャブシ

検索表 p. 115 | 落葉広葉樹　小高木　冷温帯 / 山地　翼果 | 秋

Alnus sieboldiana Matsum. ｜カバノキ科ハンノキ属

長径 2.5〜4.5 mm
短径 1.5〜2.5 mm

ミヤマハンノキ

検索表 p. 115 | 落葉広葉樹　小高木　亜寒帯〜冷温帯 / 山地〜亜高山　翼果 | 秋

Alnus viridis (Chaix) Lam. et DC. subsp. *maximowiczii* (Callier) D.Löve var. *maximowiczii* (Callier) ｜カバノキ科ハンノキ属

長径 2.5〜4 mm
短径 1〜2 mm

カバノキ科　ハンノキ属

ヒメヤシャブシ

| 検索表 p. 115 | 落葉広葉樹　小高木　温帯
山地　翼果 | 秋 |

Alnus pendula Matsum. 　　　カバノキ科ハンノキ属

長径　2〜3.5 mm
短径　1〜2 mm

オノオレカンバ

| 検索表 p. 114 | 落葉広葉樹　高木　温帯
山地　翼果 | 秋 |

Betula schmidtii Regel var. *schmidtii* 　　　カバノキ科カバノキ属

長径　2〜3 mm
短径　1〜3 mm

ミズメ

| 検索表 p. 114 | 落葉広葉樹　高木　温帯
山地　翼果 | 秋 |

Betula grossa Siebold et Zucc. 　　　カバノキ科カバノキ属

長径　2〜3.5 mm
短径　1〜1.5 mm

シラカンバ

| 検索表 p. 114 | 落葉広葉樹　高木　冷温帯
山地　翼果 | 秋 |

Betula platyphylla Sukaczev var. *japonica* (Miq.) H.Hara 　　　カバノキ科カバノキ属

長径　1〜2 mm
短径　0.5〜1.5 mm

クマシデ

| 検索表 p. 119 | 落葉広葉樹　高木　温帯　山地　堅果 | 秋 |

Carpinus japonica Blume var. *japonica* 　　カバノキ科クマシデ属

長径 3.5〜5 mm
短径 2〜3 mm

サワシバ

| 検索表 p. 119 | 落葉広葉樹　高木　冷温帯　山地　堅果 | 秋 |

Carpinus cordata Blume var. *cordata* 　　カバノキ科クマシデ属

長径 3〜4.5 mm
短径 2〜3 mm

アカシデ

| 検索表 p. 119 | 落葉広葉樹　高木　温帯　里地・里山〜山地　堅果 | 秋 |

Carpinus laxiflora (Siebold et Zucc.) Blume 　　カバノキ科クマシデ属

長径 2.5〜4 mm
短径 2〜3 mm

イヌシデ

| 検索表 p. 119 | 落葉広葉樹　高木　温帯　里地・里山〜山地　堅果 | 秋 |

Carpinus tschonoskii Maxim. 　　カバノキ科クマシデ属

長径 3.5〜6 mm
短径 2.5〜4 mm

ツノハシバミ

検索表 p. 81 ／ 落葉広葉樹　低木　冷温帯／山地　堅果　

Corylus sieboldiana Blume var. *sieboldiana* ／ カバノキ科ハシバミ属

- 長径 9.5〜14.5 mm
- 短径 6〜11 mm

アサダ

検索表 p. 118 ／ 落葉広葉樹　高木　温帯／山地　堅果　

Ostrya japonica Sarg. ／ カバノキ科アサダ属

- 長径 4.5〜7.5 mm
- 短径 2.5〜3 mm

オニグルミ

検索表 p. 26 ／ 落葉広葉樹　高木　温帯／山地　堅果　

Juglans mandshurica Maxim. var. *sachalinensis* (komatsu) Kitam. ／ クルミ科クルミ属

- 長径 23.5〜32.5 mm
- 短径 25〜30.5 mm

ノグルミ

検索表 p. 114 ／ 落葉広葉樹　高木　温帯／里地・山地〜山地　翼果　

Platycarya strobilacea Siebold et Zucc. ／ クルミ科ノグルミ属

- 長径 2.5〜5 mm
- 短径 2〜5 mm

サワグルミ

検索表 p.117　落葉広葉樹　高木　冷温帯　山地　翼果　夏 初秋

Pterocarya rhoifolia Siebold et Zucc.　　クルミ科サワグルミ属

長径 5.5～10.5 mm
短径 5～9 mm

アオギリ

検索表 p.118　落葉広葉樹　高木　亜熱帯　平野部～里地・里山　さく果　秋

Firmiana simplex (L.) W.F.Wight　　アオギリ科アオギリ属

長径 6.5～9.5 mm
短径 6～8 mm

オオハマボウ

検索表 p.44　常緑広葉樹　小高木　亜熱帯　海岸～平野部　さく果　秋

Hibiscus tiliaceus L.　　アオイ科フヨウ属

長径 3～4 mm
短径 2～3 mm

ハマボウ

検索表 p.44　落葉広葉樹　低木　暖温帯～亜熱帯　海岸～平野部　さく果　秋

Hibiscus hamabo Siebold et Zucc.　　アオイ科フヨウ属

長径 4～5 mm
短径 2～3 mm

種子のデータベース

フヨウ

| 検索表 p. 97 | 落葉広葉樹　低木　外来（亜熱帯）
平野部　さく果 | 秋 |

Hibiscus mutabilis L. 　　　　　　　　アオイ科フヨウ属

長径 2〜3 mm
短径 1〜1.5 mm

アオイ科／フヨウ属

コショウノキ

| 検索表 p. 52 | 常緑広葉樹　低木　暖温帯〜亜熱帯
里地・里山〜山地　多肉果 | 春 初夏 |

Daphne kiusiana Miq. 　　　　　　　　ジンチョウゲ科ジンチョウゲ属

長径 4〜6.5 mm
短径 3〜5 mm

ジンチョウゲ科／ジンチョウゲ属

イロハモミジ

| 検索表 p. 107 | 落葉広葉樹　高木　暖温帯
里地・里山〜山地　翼果 | 夏 初秋 |

Acer palmatum Thunb. 　　　　　　　　ムクロジ科カエデ属

長径 3〜5 mm
短径 2〜3.5 mm

オオモミジ

| 検索表 p. 107 | 落葉広葉樹　高木　温帯
里地・里山〜山地　翼果 | 秋 |

Acer amoenum Carrière var. *amoenum* 　　　ムクロジ科カエデ属

長径 4〜6 mm
短径 3.5〜5 mm

ムクロジ科／カエデ属

177

ハウチワカエデ

Acer japonicum Thunb. ／ ムクロジ科カエデ属

検索表 p. 107 ／ 落葉広葉樹　高木　冷温帯　山地　翼果

- 長径 4〜6 mm
- 短径 4〜5 mm

オガラバナ

Acer ukurunduense Trautv. et C.A.Mey. ／ ムクロジ科カエデ属

検索表 p. 107 ／ 落葉広葉樹　小高木　冷温帯　山地　翼果

- 長径 3〜6 mm
- 短径 2.5〜4 mm

ミツデカエデ

Acer cissifolium (Siebold et Zucc.) K.Koch ／ ムクロジ科カエデ属

検索表 p. 108 ／ 落葉広葉樹　高木　温帯　山地　翼果

- 長径 5〜7 mm
- 短径 2.5〜3.5 mm

ミネカエデ

Acer tschonoskii Maxim. var. *tschonoskii* ／ ムクロジ科カエデ属

検索表 p. 108 ／ 落葉広葉樹　小高木　冷温帯　山地　翼果

- 長径 5〜8.5 mm
- 短径 3〜4.5 mm

種子のデータベース

トウカエデ

| 検索表 p.108 | 落葉広葉樹　高木　外来（暖温帯）
平野部　翼果 | |

Acer buergerianum Miq.　　　　　　　　　　　ムクロジ科カエデ属

長径　4〜8 mm
短径　2.5〜5 mm

ウリカエデ

| 検索表 p.108 | 落葉広葉樹　小高木　温帯
里地・里山〜山地　翼果 | |

Acer crataegifolium Siebold et Zucc.　　　　　　ムクロジ科カエデ属

長径　3.5〜8 mm
短径　1〜4 mm

ヤクシマオナガカエデ

| 検索表 p.108 | 落葉広葉樹　高木　暖温帯〜亜熱帯
山地　翼果 | |

Acer morifolium Koidz.　　　　　　　　　　　ムクロジ科カエデ属

長径　4〜6.5 mm
短径　3〜3.5 mm

＊自然分布は屋久島のみ

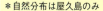

イタヤカエデ

| 検索表 p.108 | 落葉広葉樹　高木　温帯
山地　翼果 | |

Acer pictum Thunb. subsp. dissectum (Wesm.) H.Ohashi f.
dissectum (Wesm.) H.Ohashi　　　　　　　　　ムクロジ科カエデ属

長径　8.5〜11 mm
短径　4〜5 mm

ムクロジ科　カエデ属

チドリノキ

| 検索表 p.108 | 落葉広葉樹　高木　冷温帯　山地　翼果 | 秋 |

Acer carpinifolium Siebold et Zucc.　　　ムクロジ科カエデ属

長径 7〜9 mm
短径 2.5〜4 mm

カラコギカエデ

| 検索表 p.108 | 落葉広葉樹　小高木　温帯　里地・里山〜山地　翼果 | 夏 初秋 |

Acer ginnala Maxim. var. *aidzuense* (Franch.) Pax　　　ムクロジ科カエデ属

長径 5.5〜9 mm
短径 3〜4 mm

カジカエデ

| 検索表 p.109 | 落葉広葉樹　高木　温帯　山地　翼果 | 秋 |

Acer diabolicum Blume ex K.Koch　　　ムクロジ科カエデ属

長径 7〜10.5 mm
短径 6〜7.5 mm

コミネカエデ

| 検索表 p.109 | 落葉広葉樹　高木　冷温帯　山地　翼果 | 秋 |

Acer micranthum Siebold et Zucc.　　　ムクロジ科カエデ属

長径 5.5〜7 mm
短径 4.5〜6 mm

ムクロジ科　カエデ属

種子のデータベース

テツカエデ

| 検索表 p. 109 | 落葉広葉樹　高木　温帯　山地　翼果 | 秋 |

Acer nipponicum H.Hara subsp. *nipponicum* var. *nipponicum*　　ムクロジ科カエデ属

長径 6～11 mm
短径 5～10 mm

カエデ属

トチノキ

| 検索表 p. 24 | 落葉広葉樹　高木　冷温帯　山地　さく果 | 秋 |

Aesculus turbinata Blume　　トチノキ科トチノキ属

長径 25～39 mm
短径 23～34 mm

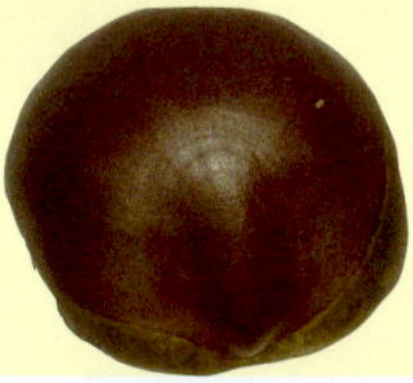

トチノキ属

ムクロジ科

ムクロジ

| 検索表 p. 26 | 落葉広葉樹　高木　暖温帯～亜熱帯　里地・里山～山地　その他 | 秋 |

Sapindus mukorossi Gaertn.　　ムクロジ科ムクロジ属

長径 14～15 mm
短径 12～13.5 mm

ムクロジ属

チャンチンモドキ

| 検索表 p. 26 | 落葉広葉樹　高木　暖温帯　山地　多肉果 | 秋 |

Choerospondias axillaris (Roxb.) B.L.Burtt et A.W.Hill　　ウルシ科チャンチンモドキ属

長径 18～21.5 mm
短径 14.5～18 mm

ウルシ科 チャンチンモドキ属

ツタウルシ

検索表 p. 44 | 落葉広葉樹　つる　冷温帯　山地　多肉果 | 夏 初秋

Toxicodendron orientale Greene subsp. *orientale* | ウルシ科ウルシ属

- 長径 3～5.5 mm
- 短径 2.5～5 mm

ヤマハゼ

検索表 p. 44 | 落葉広葉樹　小高木　暖温帯～亜熱帯　山地　多肉果 | 秋

Toxicodendron sylvestre (Siebold et Zucc.) Kuntze | ウルシ科ウルシ属

- 長径 5～7 mm
- 短径 4～5 mm

ハゼノキ

検索表 p. 44 | 落葉広葉樹　高木　暖温帯～亜熱帯　里地・里山～山地　多肉果 | 秋

Toxicodendron succedeneum (L.) Kuntze | ウルシ科ウルシ属

- 長径 5.5～7.5 mm
- 短径 4～5.5 mm

ヤマウルシ

検索表 p. 44 | 落葉広葉樹　小高木　温帯　山地　多肉果 | 秋

Toxicodendron trichocarpum (Miq.) Kuntze | ウルシ科ウルシ属

- 長径 4～6 mm
- 短径 3～5 mm

種子のデータベース

ヌルデ

| 検索表 p. 62 | 落葉広葉樹　小高木　冷温帯～亜熱帯　里地・里山～山地　多肉果 | 秋 |

Rhus javanica L. var. *chinensis* (Mill.) T. Yamaz. ｜ウルシ科ウルシ属

長径 2.5～4.5 mm
短径 2～3 mm

ウルシ科　ウルシ属

ニガキ

| 検索表 p. 41 | 落葉広葉樹　高木　温帯　山地　多肉果 | 秋 |

Picrasma quassioides (D.Don) Benn. ｜ニガキ科ニガキ属

長径 4～5 mm
短径 3～4 mm

ニガキ科　ニガキ属

センダン

| 検索表 p. 71 | 落葉広葉樹　高木　暖温帯～亜熱帯　海岸～平野部　多肉果 | 秋 |

Melia azedarach L. var. *azedarach* ｜センダン科センダン属

長径 9.5～16 mm
短径 6.5～9 mm

センダン科　センダン属

アワダン

| 検索表 p. 55 | 常緑広葉樹　低木　亜熱帯　里地・里山～山地　さく果 | 秋 |

Melicope triphylla (Lam.) Merr. ｜ミカン科アワダン属

長径 3～4 mm
短径 2.5～3.5 mm

ミカン科　アワダン属

183

種子のデータベース

キハダ

検索表 p. 83 ／ 落葉広葉樹　高木　亜寒帯～温帯　山地　多肉果　秋

Phellodendron amurense Rupr. var. amurense ｜ ミカン科キハダ属

長径 4.5～5.5 mm
短径 2～3.5 mm

ミヤマシキミ

検索表 p. 67 ／ 常緑広葉樹　低木　暖温帯　里地・里山～山地　多肉果　晩秋 冬

Skimmia japonica Thunb. var. japonica ｜ ミカン科ミヤマシキミ属

長径 5～6 mm
短径 3.5～5 mm

ハマセンダン

検索表 p. 89 ／ 落葉広葉樹　高木　暖温帯～亜熱帯　山地　さく果　秋

Tetradium glabrifolium (Champ. ex Benth.) T. G. Hartley var. glaucum (Miq.) T. Yamaz. ｜ ミカン科ゴシュユ属

長径 2～3 mm
短径 2～3 mm

イヌザンショウ

検索表 p. 55 ／ 落葉広葉樹　低木　温帯　里地・里山～山地　さく果　秋

Zanthoxylum schinifolium Siebold et Zucc. var. schinifolium ｜ ミカン科サンショウ属

長径 3～4.5 mm
短径 3～3.5 mm

種子のデータベース

カラスザンショウ

| 検索表 p. 55 | 落葉広葉樹　高木　温帯
里地・里山～山地　さく果 | 晩秋 冬 |

Zanthoxylum ailanthoides Siebold et Zucc. var. *ailanthoides*　　ミカン科サンショウ属

長径　3～4 mm
短径　2.5～3.5 mm

サンショウ

| 検索表 p. 55 | 落葉広葉樹　低木　温帯
里地・里山～山地　さく果 | 秋 |

Zanthoxylum piperitum (L.) DC.　　ミカン科サンショウ属

長径　3～4 mm
短径　2.5～4 mm

フユザンショウ

| 検索表 p. 55 | 常緑広葉樹　低木　暖温帯～亜熱帯
山地　さく果 | 夏 初秋 |

Zanthoxylum armatum DC. var. *subttifoliatum* (Franch.) Kitam.　　ミカン科サンショウ属

長径　3～4 mm
短径　2.5～3.5 mm

ミズキ

| 検索表 p. 39 | 落葉広葉樹　高木　温帯
里地・里山～山地　多肉果 | 夏 初秋 |

Cornus controversa Hemsl.　　ミズキ科ミズキ属

長径　3.5～6.5 mm
短径　3.5～6 mm

ミカン科

サンショウ属

ミズキ科

ミズキ属

185

種子のデータベース

クマノミズキ

| 検索表 p. 48 | 落葉広葉樹　高木　温帯
里地・里山〜山地　多肉果 | 秋 |

Cornus macrophylla Wall. ／ ミズキ科ミズキ属

長径 3〜4 mm
短径 3〜4 mm

ヤマボウシ

| 検索表 p. 43 | 落葉広葉樹　高木　冷温帯
山地　多肉果 | 秋 |

Cornus kousa Buerger ex Hance var. *chinensis* Osborn ／ ミズキ科ミズキ属

長径 4〜7 mm
短径 3〜5.5 mm

ハナミズキ（アメリカヤマボウシ）

| 検索表 p. 73 | 落葉広葉樹　小高木　外来（冷温帯）
平野部　多肉果 | 秋 |

Cornus florida L. ／ ミズキ科ミズキ属

長径 8〜10 mm
短径 4〜4.5 mm

ヤハズアジサイ

| 検索表 p. 96 | 落葉広葉樹　低木　温帯
里地・里山〜山地　さく果 | 秋 |

Hydrangea sikokiana Maxim. ／ アジサイ科アジサイ属

長径 0.5〜1 mm
短径 0.5 mm未満

ミズキ科　ミズキ属　アジサイ科　アジサイ属

種子のデータベース

ノリウツギ

検索表 p. 96 ／ 落葉広葉樹　低木　冷温帯　里地・里山〜山地　さく果　／ 秋

Hydrangea paniculata Siebold　　アジサイ科アジサイ属

- 長径　1〜1.5 mm
- 短径　0.5 mm未満

コアジサイ

検索表 p. 103 ／ 落葉広葉樹　低木　暖温帯　山地　さく果　／ 秋

Hydrangea hirta (Thunb.) Siebold et Zucc.　　アジサイ科アジサイ属

- 長径　0.5〜1 mm
- 短径　0.5 mm未満

イワガラミ

検索表 p. 96 ／ 落葉広葉樹　つる　冷温帯　山地　さく果　／ 秋

Schizophragma hydrangeoides Siebold et Zucc. var. *hydrangeoides*　　アジサイ科イワガラミ属

- 長径　1〜2 mm
- 短径　0.5 mm前後

ヤブツバキ

検索表 p. 25 ／ 常緑広葉樹　高木　温帯　里地・里山〜山地　さく果　／ 秋

Camellia japonica L.　　ツバキ科ツバキ属

- 長径　16.5〜23.5 mm
- 短径　14〜21 mm

アジサイ属 / アジサイ科 / イワガラミ属 / ツバキ属 / ツバキ科

サザンカ

検索表 p. 25 　常緑広葉樹　小高木　暖温帯～亜熱帯
里地・里山～山地　さく果　秋

Camellia sasanqua Thunb. ex Murray　　ツバキ科ツバキ属

長径　11～19 mm
短径　9.5～16 mm

チャノキ

検索表 p. 26　常緑広葉樹　小高木　外来（暖温帯～亜熱帯）
里地・里山～山地　さく果　晩秋・冬

Camellia sinensis (L.) Kuntze　　ツバキ科ツバキ属

長径　10～14.5 mm
短径　9.5～14.5 mm

イジュ（ヒメツバキ）

検索表 p. 117　常緑広葉樹　高木　亜熱帯
里地・里山～山地　翼果　秋

Schima wallichii (DC.) Korth. subsp. *noronhae* (Reinw. ex Blume) Bloemb.　　ツバキ科ヒメツバキ属

長径　6～8 mm
短径　3～4.5 mm

ナツツバキ

検索表 p. 116　落葉広葉樹　高木　冷温帯
山地　さく果　秋

Stewartia pseudocamellia Maxim.　　ツバキ科ナツツバキ属

長径　5～6.5 mm
短径　1.5～4 mm

種子のデータベース

ヒメシャラ

検索表 p. 116 ｜ 落葉広葉樹　高木　温帯　山地　翼果 ｜ 秋

Stewartia monadelpha Siebold et Zucc. ｜ ツバキ科ナツツバキ属

長径 5.5〜7 mm
短径 3〜4 mm

ツバキ科／ナツツバキ属

サカキ
検索表 p. 62 ｜ 常緑広葉樹　高木　暖温帯〜亜熱帯　里地・里山〜山地　多肉果 ｜ 秋

Cleyera japonica Thunb. ｜ サカキ科サカキ属

長径 2〜3 mm
短径 1.5〜3 mm

サカキ属

ヒサカキ
検索表 p. 89 ｜ 常緑広葉樹　小高木　暖温帯〜亜熱帯　里地・里山〜山地　多肉果 ｜ 晩秋 冬

Eurya japonica Thunb. var. *japonica* ｜ サカキ科ヒサカキ属

長径 1〜2.5 mm
短径 1〜1.5 mm

サカキ科／ヒサカキ属

モッコク
検索表 p. 38 ｜ 常緑広葉樹　高木　暖温帯〜亜熱帯　里地・里山〜山地　多肉果 ｜ 秋

Ternstroemia gymnanthera (Wight et Arn.) Bedd. ｜ サカキ科モッコク属

長径 5.5〜7 mm
短径 3.5〜4.5 mm

モッコク属

ヤマガキ

検索表 p. 22 ／ 落葉広葉樹　高木　暖温帯　里地・里山～山地　多肉果　秋

Diospyros kaki Thunb. var. *sylvestris* Makino ｜ カキノキ科カキノキ属

長径 16～18 mm
短径 9.5～11.5 mm

マメガキ

検索表 p. 83 ／ 落葉広葉樹　高木　外来（暖温帯～亜熱帯）　平野部～里地・里山　多肉果　秋

Diospyros lotus L. ｜ カキノキ科カキノキ属

長径 12～15 mm
短径 6～7.5 mm

リュウキュウマメガキ

検索表 p. 83 ／ 落葉広葉樹　高木　暖温帯～亜熱帯　山地　多肉果　秋

Diospyros japonica Siebold et Zucc. ｜ カキノキ科カキノキ属

長径 10～12 mm
短径 4.5～7 mm

トキワガキ

検索表 p. 83 ／ 常緑広葉樹　高木　暖温帯～亜熱帯　山地　多肉果　晩秋 冬

Diospyros morriisiana Hance ｜ カキノキ科カキノキ属

長径 9～12 mm
短径 3.5～6 mm

カンザブロウノキ

検索表 p. 42 | 常緑広葉樹　小高木　暖温帯〜亜熱帯　山地　多肉果

Symplocos theophrastifolia Siebold et Zucc. ｜ハイノキ科ハイノキ属

長径 3.5〜5 mm
短径 3.5〜4 mm

ミミズバイ

検索表 p. 42 | 常緑広葉樹　小高木　暖温帯〜亜熱帯　山地　多肉果

Symplocos glauca (Thunb.) Koidz. ｜ハイノキ科ハイノキ属

長径 9.5〜14 mm
短径 5〜7 mm

クロミノサワフタギ

検索表 p. 42 | 落葉広葉樹　低木　暖温帯　山地　多肉果

Symplocos tanakana Nakai ｜ハイノキ科ハイノキ属

長径 3.5〜8 mm
短径 3〜6 mm

ハイノキ

検索表 p. 42 | 常緑広葉樹　小高木　暖温帯〜亜熱帯　山地　多肉果

Symplocos myrtacea Siebold et Zucc. var. *myrtacea* ｜ハイノキ科ハイノキ属

長径 5 mm前後
短径 3 mm前後

シロバイ

検索表 p.56 　常緑広葉樹　小高木　暖温帯～亜熱帯　山地　多肉果　㊗秋

Symplocos lancifolia Siebold et Zucc.　　ハイノキ科ハイノキ属

長径 3.5～5 mm
短径 2.5～4 mm

サワフタギ

検索表 p.60 　落葉広葉樹　低木　温帯　山地　多肉果　㊗秋

Symplocos sawafutagi Nagam. var. *sawafutagi*　　ハイノキ科ハイノキ属

長径 4.5～6 mm
短径 3～5 mm

タンナサワフタギ

検索表 p.60 　落葉広葉樹　低木　温帯　山地　多肉果　㊗秋

Symplocos coreana (H.Lév.) Ohwi　　ハイノキ科ハイノキ属

長径 6～7 mm
短径 4.5～6.5 mm

クロキ

検索表 p.73 　常緑広葉樹　小高木　暖温帯～亜熱帯　海岸～平野部　多肉果　㊗秋

Symplocos kuroki Nagam.　　ハイノキ科ハイノキ属

長径 7～10 mm
短径 4～6 mm

種子のデータベース

マンリョウ

| 検索表 p.39 | 常緑広葉樹　低木　暖温帯〜亜熱帯　山地　多肉果 | |

Ardisia crenata Sims　　　　　　　　　サクラソウ科ヤブコウジ属

長径　5〜6 mm
短径　4.5〜5.5 mm

シシアクチ

| 検索表 p.39 | 常緑広葉樹　小高木　亜熱帯　山地　多肉果 | |

Ardisia quinquegona Blume　　　　　　サクラソウ科ヤブコウジ属

長径　4〜6 mm
短径　3〜5.5 mm

ツルコウジ

| 検索表 p.49 | 常緑広葉樹　低木　暖温帯〜亜熱帯　山地　多肉果 | |

Ardisia pusilla A.DC. var. *pusilla*　　　サクラソウ科ヤブコウジ属

長径　3〜4.5 mm
短径　2.5〜4 mm

カラタチバナ

| 検索表 p.49 | 常緑広葉樹　低木　暖温帯〜亜熱帯　山地　多肉果 | |

Ardisia crispa (Thunb.) A.DC.　　　　　サクラソウ科ヤブコウジ属

長径　4〜7 mm
短径　4.5〜6 mm

サクラソウ科　ヤブコウジ属

ヤブコウジ

検索表 p. 49 | 常緑広葉樹　低木　暖温帯〜亜熱帯　里地・里山〜山地　多肉果 | 秋

Ardisia japonica (Thunb.) Blume var. *japonica* ｜ サクラソウ科ヤブコウジ属

長径 4〜5.5 mm
短径 3.5〜5 mm

モクタチバナ

検索表 p. 62 | 常緑広葉樹　小高木　亜熱帯　山地　多肉果 | 晩秋 冬

Ardisia sieboldii Miq. ｜ サクラソウ科ヤブコウジ属

長径 5〜7.5 mm
短径 4〜6 mm

イズセンリョウ

検索表 p. 103 | 常緑広葉樹　低木　暖温帯〜亜熱帯　山地　多肉果 | 晩秋 冬

Maesa japonica (Thunb.) Moritzi et Zoll. ｜ サクラソウ科イズセンリョウ属

長径 0.5〜1 mm
短径 0.5 mm前後

エゴノキ

検索表 p. 72 | 落葉広葉樹　高木　温帯　里地・里山〜山地　その他 | 夏 初秋

Styrax japonicus Siebold et Zucc. var. *japonicus* ｜ エゴノキ科エゴノキ属

長径 8〜13 mm
短径 5〜8.5 mm

サクラソウ科 / ヤブコウジ属 / イズセンリョウ属 / エゴノキ科 / エゴノキ属

種子のデータベース

ハクウンボク

検索表 p.72 ／ 落葉広葉樹　高木　冷温帯　里地・里山～山地　その他　秋

Styrax obassia Siebold et Zucc. ／ エゴノキ科エゴノキ属

長径 11～17 mm
短径 6.5～10 mm

シマサルナシ

検索表 p.94 ／ 落葉広葉樹　つる　暖温帯～亜熱帯　海岸～平野部　多肉果　夏・初秋

Actinidia rufa (Siebold et Zucc.) Planch. ex Miq. ／ マタタビ科マタタビ属

長径 1.5～2.5 mm
短径 1～1.5 mm

サルナシ

検索表 p.94 ／ 落葉広葉樹　つる　温帯　里地・里山～山地　多肉果　秋

Actinidia arguta (Siebold et Zucc.) Planch. ex Miq. var. *arguta* ／ マタタビ科マタタビ属

長径 1.5～2.5 mm
短径 1～2 mm

マタタビ

検索表 p.94 ／ 落葉広葉樹　つる　温帯　里地・里山～山地　多肉果　秋

Actinidia polygama (Siebold et Zucc.) Planch. ex Maxim. ／ マタタビ科マタタビ属

長径 1～2 mm
短径 1～1.5 mm

エゴノキ科エゴノキ属

マタタビ科マタタビ属

ツツジ科

ヤチツツジ

検索表 p. 104	常緑広葉樹　低木　亜寒帯 平野部　さく果	夏　初秋

Chamaedaphne calyculata (L.) Moench　　ツツジ科ヤチツツジ属

ヤチツツジ属

長径 1 mm前後
短径 0.5～1 mm

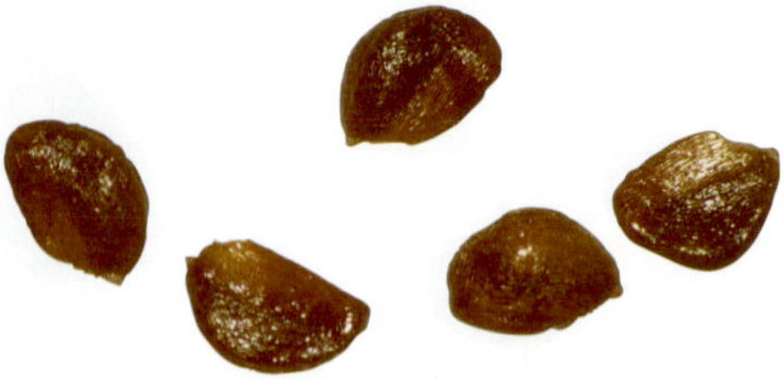

イワナシ

検索表 p. 104	常緑広葉樹　低木　温帯 山地～亜高山　多肉果	夏　初秋

Epigaea asiatica Maxim.　　ツツジ科イワナシ属

イワナシ属

長径 0.5 mm前後
短径 0.5 mm未満

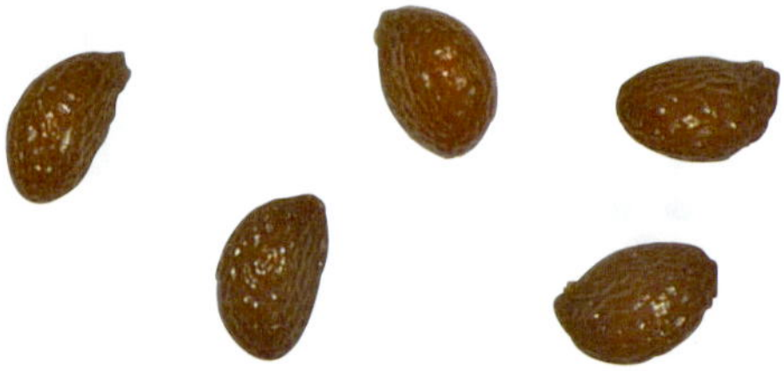

シラタマノキ

検索表 p. 103	常緑広葉樹　低木　亜寒帯～冷温帯 山地～亜高山　多肉果	夏　初秋

Gaultheria pyroloides Hook.f. et Thomson ex Miq.　　ツツジ科シラタマノキ属

シラタマノキ属

長径 0.5～1 mm
短径 0.5 mm前後

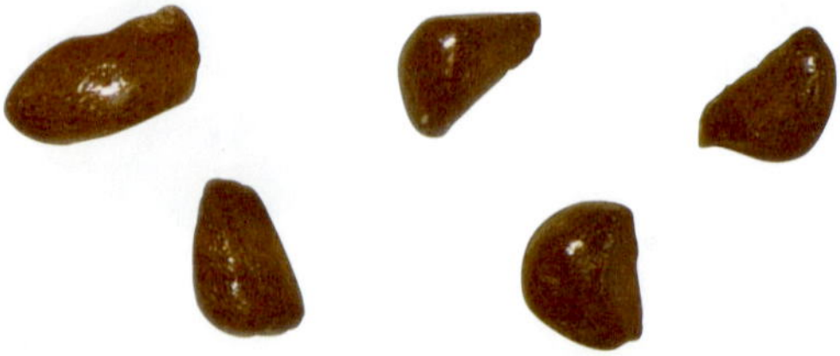

アカモノ

検索表 p. 104	常緑広葉樹　低木　亜寒帯～冷温帯 山地～亜高山　多肉果	夏　初秋

Gaultheria adenothrix (Miq.) Maxim.　　ツツジ科シラタマノキ属

長径 0.5～1 mm
短径 0.5 mm前後

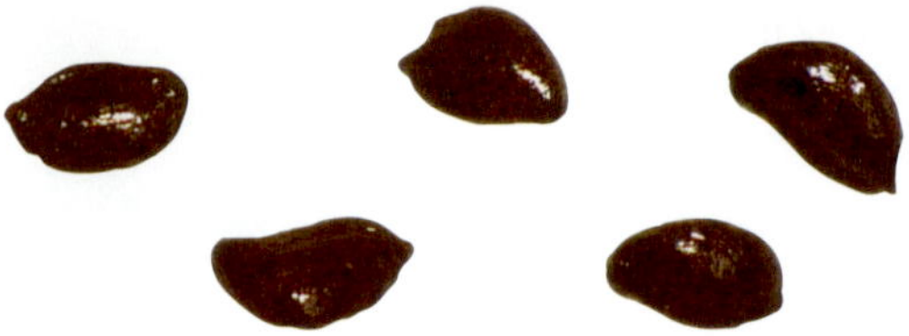

種子のデータベース

アセビ

| 検索表 p.98 | 常緑広葉樹　低木　温帯
里地・里山～山地　さく果 | 秋 |

Pieris japonica (Thunb.) D.Don ex G.Don subsp. *japonica*　　ツツジ科アセビ属

- 長径　2〜3.5 mm
- 短径　0.5〜1.5 mm

コヨウラクツツジ

| 検索表 p.98 | 落葉広葉樹　低木　亜寒帯～冷温帯
山地　さく果 | 秋 |

Rhododendron pentandrum (Maxim.) Craven　　ツツジ科ヨウラクツツジ属

- 長径　1 mm前後
- 短径　0.5 mm未満

バイカツツジ

| 検索表 p.103 | 落葉広葉樹　低木　冷温帯
山地　さく果 | 秋 |

Rhododendron semibarbatum Maxim.　　ツツジ科ツツジ属

- 長径　0.5〜1 mm
- 短径　0.5 mm未満

ナツハゼ

| 検索表 p.89 | 落葉広葉樹　低木　温帯
里地・里山～山地　多肉果 | 秋 |

Vaccinium oldhamii Miq.　　ツツジ科スノキ属

- 長径　1〜2 mm
- 短径　0.5〜1.5 mm

アセビ属　ツツジ属　ツツジ科　スノキ属

アクシバ

| 検索表 p. 103 | 落葉広葉樹　低木　冷温帯
里地・里山〜山地　多肉果 | 秋 |

Vaccinium japonicum Miq. var. japonicum　　ツツジ科スノキ属

長径　1〜2 mm
短径　0.5〜1 mm

コウスノキ

| 検索表 p. 103 | 落葉広葉樹　低木　暖温帯
山地　多肉果 | 夏 初秋 |

Vaccinium hirtum Thunb. var. hirtum　　ツツジ科スノキ属

長径　1〜2 mm
短径　1 mm前後

シャシャンボ

| 検索表 p. 104 | 常緑広葉樹　低木　暖温帯〜亜熱帯
里地・里山〜山地　多肉果 | 秋 |

Vaccinium bracteatum Thunb.　　ツツジ科スノキ属

長径　1〜2.5 mm
短径　0.5〜1 mm

イワツツジ

Vaccinium praestans Lamb.　　ツツジ科スノキ属

長径　1 mm前後
短径　0.5〜1 mm

ツツジ科　スノキ属

種子のデータベース

アオキ

| 検索表 p.73 | 常緑広葉樹　低木　温帯　里地・里山〜山地　多肉果 | 春 初夏 |

Aucuba japonica Thunb. var. *japonica*　　アオキ科アオキ属

長径 12〜16.5 mm
短径 8.5〜10.5 mm

アオキ科 / アオキ属

チシャノキ

| 検索表 p.68 | 落葉広葉樹　高木　暖温帯〜亜熱帯　山地　多肉果 | 夏 初秋 |

Ehretia acuminata R.Br. var. *obovata* (Lindl.) I.M.Johnst.　　ムラサキ科チシャノキ属

長径 2〜3.5 mm
短径 1.5〜3 mm

ムラサキ科 / チシャノキ属

タニワタリノキ

| 検索表 p.95 | 常緑広葉樹　小高木　暖温帯〜亜熱帯　山地　さく果 | 秋 |

Adina pilulifera (Lam.) Franch. ex Drake　　アカネ科タニワタリノキ属

長径 1〜2 mm
短径 0.5 mm前後

タニワタリノキ属 / アカネ科

ジュズネノキ

| 検索表 p.51 | 常緑広葉樹　低木　暖温帯　山地　多肉果 | 晩秋 冬 |

Damnacanthus macrophyllus Siebold ex Miq.　　アカネ科アリドオシ属

長径 2.5〜3.5 mm
短径 2〜3.5 mm

アリドオシ属

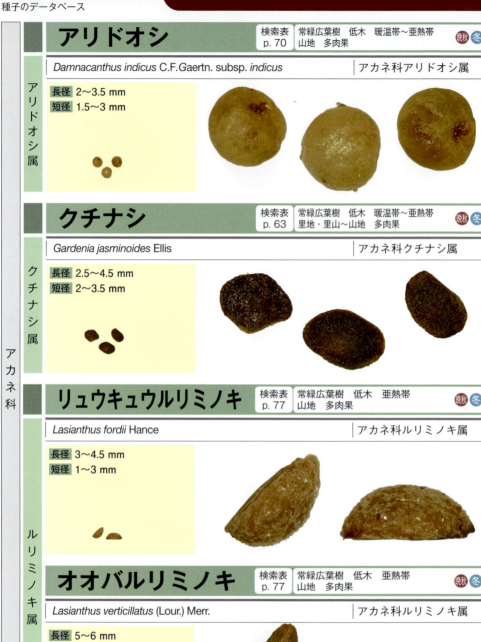

アリドオシ

検索表 p. 70 ／ 常緑広葉樹　低木　暖温帯～亜熱帯　山地　多肉果　晩秋・冬

Damnacanthus indicus C.F.Gaertn. subsp. *indicus*　｜　アカネ科アリドオシ属

長径 2～3.5 mm
短径 1.5～3 mm

クチナシ

検索表 p. 63 ／ 常緑広葉樹　低木　暖温帯～亜熱帯　里地・里山～山地　多肉果　晩秋・冬

Gardenia jasminoides Ellis　｜　アカネ科クチナシ属

長径 2.5～4.5 mm
短径 2～3.5 mm

リュウキュウルリミノキ

検索表 p. 77 ／ 常緑広葉樹　低木　亜熱帯　山地　多肉果　晩秋・冬

Lasianthus fordii Hance　｜　アカネ科ルリミノキ属

長径 3～4.5 mm
短径 1～3 mm

オオバルリミノキ

検索表 p. 77 ／ 常緑広葉樹　低木　亜熱帯　山地　多肉果　晩秋・冬

Lasianthus verticillatus (Lour.) Merr.　｜　アカネ科ルリミノキ属

長径 5～6 mm
短径 1.5～3 mm

ルリミノキ

検索表 p. 77　常緑広葉樹　低木　暖温帯～亜熱帯　山地　多肉果

Lasianthus japonicus Miq.　　アカネ科ルリミノキ属

長径 3～4 mm
短径 1～2 mm

タイワンルリミノキ

検索表 p. 80　常緑広葉樹　低木　亜熱帯　山地　多肉果

Lasianthus hirsutus (Roxb.) Merr.　　アカネ科ルリミノキ属

長径 5 mm前後
短径 2～3 mm

マルバルリミノキ

検索表 p. 80　常緑広葉樹　低木　亜熱帯　山地　多肉果

Lasianthus attenuatus Jack　　アカネ科ルリミノキ属

長径 2.5～4 mm
短径 1.5～2 mm

シラタマカズラ

検索表 p. 68　常緑広葉樹　つる　亜熱帯　平野部～里地・里山　多肉果

Psychotria serpens L.　　アカネ科ボチョウジ属

長径 3.5～4.5 mm
短径 2.5～3.5 mm

種子のデータベース

ボチョウジ

| 検索表 p. 68 | 常緑広葉樹　低木　亜熱帯
山地　多肉果 | 晩秋 冬 |

Psychotria asiatica L. 　　　　　　　　　　　　アカネ科ボチョウジ属

- 長径 2.5〜5 mm
- 短径 3〜5 mm

カギカズラ

| 検索表 p. 96 | 常緑広葉樹　つる　暖温帯
山地　さく果 | 秋 |

Uncaria rhynchophylla (Miq.) Miq. var. *rhynchophylla* 　アカネ科カギカズラ属

- 長径 0.5〜1 mm
- 短径 0.5 mm未満

サカキカズラ

| 検索表 p. 113 | 常緑広葉樹　つる　暖温帯〜亜熱帯
平野部〜里地・里山　その他 | 晩秋 冬 |

Anodendron affine (Hook. et Arn.) Druce 　　キョウチクトウ科　サカキカズラ属

- 長径 14〜19 mm
- 短径 5〜7 mm

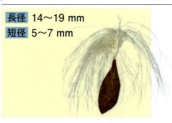

テイカカズラ

| 検索表 p. 113 | 常緑広葉樹　つる　暖温帯
里地・里山〜山地　その他 | 晩秋 冬 |

Trachelospermum asiaticum (Siebold et Zucc.) Nakai var. *asiaticum* 　キョウチクトウ科　テイカカズラ属

- 長径 10.5〜20.5 mm
- 短径 1〜2 mm

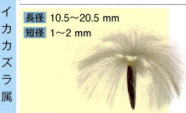

タマサンゴ

| 検索表 p. 43 | 常緑広葉樹　低木　外来（亜熱帯）
平野部　多肉果 | 秋 |

Solanum pseudocapsicum L. 　　　　　　　　ナス科ナス属

長径 2.5〜4 mm
短径 2〜3 mm

ヒトツバタゴ

| 検索表 p. 37 | 常緑広葉樹　高木　暖温帯〜亜熱帯
里地・里山〜山地　多肉果 | 秋 |

Chionanthus retusus Lindl. ex Paxton 　　　モクセイ科ヒトツバタゴ属

長径 8〜12 mm
短径 5〜8.5 mm

＊自然分布は長野・岐阜・愛知・長崎県の一部のみ

アオダモ

| 検索表 p. 109 | 落葉広葉樹　高木　温帯
山地　翼果 | 夏 初秋 |

Fraxinus lanuginosa Koidz. f. *serrata* (Nakai) Murata 　　モクセイ科トネリコ属

長径 7〜14 mm
短径 1.5〜3 mm

ヤチダモ

| 検索表 p. 109 | 落葉広葉樹　高木　冷温帯
山地　翼果 | 秋 |

Fraxinus mandshurica Rupr. 　　　　　　　モクセイ科トネリコ属

長径 15〜17.5 mm
短径 6〜7 mm

ネズミモチ

検索表 p.74 | 常緑広葉樹　小高木　暖温帯～亜熱帯　山地　多肉果

Ligustrum japonicum Thunb. var. japonicum　　モクセイ科イボタノキ属

長径 5.5～7 mm
短径 2.5～4mm

ミヤマイボタ

検索表 p.76 | 落葉広葉樹　低木　冷温帯　山地　多肉果

Ligustrum tschonoskii Decne. var. tschonoskii　　モクセイ科イボタノキ属

長径 5～7 mm
短径 2.5～4 mm

オオバイボタ

検索表 p.76 | 常緑広葉樹　低木　暖温帯　海岸～平野部　多肉果 秋

Ligustrum ovalifolium Hassk. var. ovalifolium　　モクセイ科イボタノキ属

長径 5.5～8.5 mm
短径 2～4 mm

イボタノキ

検索表 p.76 | 落葉広葉樹　低木　温帯　里地・里山～山地　多肉果 秋

Ligustrum obtusifolium Siebold et Zucc. var. obtusifolium　　モクセイ科イボタノキ属

長径 4.5～6 mm
短径 2.5～4 mm

モクセイ科　イボタノキ属

トウネズミモチ

検索表 p. 80　常緑広葉樹　小高木　外来（暖温帯）　平野部　多肉果

Ligustrum lucidum W.T. Aiton　　　モクセイ科イボタノキ属

長径　6〜7 mm
短径　3.5〜4.5 mm

イボタノキ属／モクセイ科

ウスギモクセイ

検索表 p. 38　常緑広葉樹　小高木　暖温帯〜亜熱帯　平野部　多肉果

Osmanthus fragrans Lour. var. aurantiacus Makino f. thunbergii (Makino) T.Yamaz.　　モクセイ科モクセイ属

長径　20.5〜21.5 mm
短径　7.5〜8 mm

モクセイ属

キササゲ

検索表 p. 106　落葉広葉樹　高木　外来（暖温帯〜亜熱帯）　里地・里山〜山地　さく果

Catalpa ovata G.Don　　　ノウゼンカズラ科キササゲ属

長径　4〜8 mm
短径　1〜3 mm

キササゲ属／ノウゼンカズラ科

ヤブムラサキ

検索表 p. 99　落葉広葉樹　低木　暖温帯　里地・里山〜山地　多肉果 秋

Callicarpa mollis Siebold et Zucc.　　　シソ科ムラサキシキブ属

長径　2〜3.5 mm
短径　1〜2 mm

ムラサキシキブ属／シソ科

種子のデータベース

ムラサキシキブ

| 検索表 p. 99 | 落葉広葉樹　低木　温帯
里地・里山〜山地　多肉果 | 秋 |

Callivarpa japonica Thunb. var. *japonica* ｜ シソ科ムラサキシキブ属

長径 1.5〜3 mm
短径 1〜2 mm

クサギ

| 検索表 p. 34 | 落葉広葉樹　低木　冷温帯〜亜熱帯
里地・里山〜山地　多肉果 | 秋 |

Clerodendrum trichotomum Thunb. var. *trichotomum* ｜ シソ科クサギ属

長径 4〜7 mm
短径 3〜5.5 mm

ハマクサギ

| 検索表 p. 66 | 落葉広葉樹　小高木　暖温帯〜亜熱帯
平野部〜里地・里山　多肉果 | 春 夏 |

Premna microphylla Turcz. ｜ シソ科ハマクサギ属

長径 3〜4 mm
短径 2.5〜3 mm

キリ

| 検索表 p. 113 | 落葉広葉樹　高木　外来（冷温帯）
平野部〜里地・里山　翼果 | 秋 |

Paulownia tomentosa (Thunb. ex Murray) Steud. ｜ キリ科キリ属

長径 2.5〜4.5 mm
短径 1.5〜3.5 mm

ハナイカダ

Helwingia japonica (Thunb.) F.Dietr. subsp. *japonica*

検索表 p. 36 ／ 落葉広葉樹　低木　温帯／山地　多肉果／ハナイカダ科ハナイカダ属

- 長径　4.5〜7 mm
- 短径　2〜3.5 mm

モチノキ

Ilex integra Thunb. var. *integra*

検索表 p. 35 ／ 常緑広葉樹　高木　暖温帯〜亜熱帯／山地　多肉果／モチノキ科モチノキ属

- 長径　5〜7 mm
- 短径　2.5〜5 mm

ヒイラギモチ（ヤバネヒイラギモチ）

Ilex cornuta Lindol.

検索表 p. 35 ／ 常緑広葉樹　小高木　外来（温帯）／平野部　多肉果／モチノキ科モチノキ属

- 長径　5.5〜6.5 mm
- 短径　3〜4 mm

シイモチ

Ilex buergeri Miq.

検索表 p. 36 ／ 常緑広葉樹　高木　暖温帯／山地　多肉果／モチノキ科モチノキ属

- 長径　3.5〜4.5 mm
- 短径　2〜3 mm

タラヨウ

Ilex latifolia Thunb. | モチノキ科モチノキ属

長径 3.5〜5 mm
短径 3〜4 mm

検索表 p. 36 | 常緑広葉樹　高木　暖温帯　山地　多肉果　秋

イヌツゲ

Ilex crenata Thunb. var. *crenata* | モチノキ科モチノキ属

長径 3.5〜5 mm
短径 2.5〜4 mm

検索表 p. 68 | 常緑広葉樹　高木　温帯　山地　多肉果　秋

アオハダ

Ilex macropoda Miq. | モチノキ科モチノキ属

長径 3〜5 mm
短径 1〜2.5 mm

検索表 p. 77 | 落葉広葉樹　高木　温帯　里地・里山〜山地　多肉果　秋

ナナミノキ

Ilex chinensis Sims | モチノキ科モチノキ属

長径 5〜7 mm
短径 2〜3 mm

検索表 p. 77 | 常緑広葉樹　高木　暖温帯　山地　多肉果　秋

モチノキ科　モチノキ属

種子のデータベース

クロガネモチ

検索表 p.77 　常緑広葉樹　高木　暖温帯〜亜熱帯　山地　多肉果

Ilex rotunda Thunb.　　　モチノキ科モチノキ属

長径 3.5〜5 mm
短径 1〜1.5 mm

ソヨゴ

検索表 p.78 　常緑広葉樹　小高木　暖温帯　里地・里山〜山地　多肉果

Ilex pedunculosa Miq. var. *pedunculosa*　　　モチノキ科モチノキ属

長径 3.5〜5.5 mm
短径 2〜3 mm

アカミノイヌツゲ

検索表 p.78 　常緑広葉樹　低木　冷温帯　山地　多肉果

Ilex sugerokii Maxim. var. *brevipedunculata* (Maxim.) S.Y.Hu　　　モチノキ科モチノキ属

長径 3〜5 mm
短径 2〜3 mm

ウメモドキ

検索表 p.78 　落葉広葉樹　低木　暖温帯　山地　多肉果

Ilex serrata Thunb.　　　モチノキ科モチノキ属

長径 2〜4 mm
短径 0.5〜2 mm

モチノキ科　モチノキ属

フウリンウメモドキ

検索表 p.78 ｜ 落葉広葉樹　低木　冷温帯　山地　多肉果 ｜ 秋

Ilex geniculata Maxim.　　　モチノキ科モチノキ属

長径 3 mm前後
短径 1.5 mm前後

タマミズキ

検索表 p.94 ｜ 落葉広葉樹　高木　暖温帯～亜熱帯　山地　多肉果 ｜ 秋

Ilex micrococca Maxim.　　　モチノキ科モチノキ属

長径 1～2 mm
短径 1 mm前後

ツゲモチ

検索表 p.101 ｜ 常緑広葉樹　高木　暖温帯～亜熱帯　山地　多肉果 ｜ 晩秋 冬

Ilex goshiensis Hayata　　　モチノキ科モチノキ属

長径 1.5～3 mm
短径 1～2 mm

タラノキ

検索表 p.104 ｜ 落葉広葉樹　低木　亜寒帯～亜熱帯　里地・里山～山地　多肉果 ｜ 秋

Aralia elata (Miq.) Seem.　　　ウコギ科タラノキ属

長径 1.5～2.5 mm
短径 0.5～2.5 mm

モチノキ科／モチノキ属／タラノキ属／ウコギ科

種子のデータベース

カクレミノ

検索表 p. 84 ／ 常緑広葉樹　小高木　暖温帯〜亜熱帯　山地　多肉果　秋

Dendropanax trifidus (Thunb.) Makino ex H.Hayata ｜ ウコギ科カクレミノ属

長径 5.5〜7 mm
短径 2〜3 mm

カクレミノ属

コシアブラ

検索表 p. 81 ／ 落葉広葉樹　高木　温帯　山地　多肉果　秋

Chengiopanax sciadophylloides (Franch. et Sav.) C.B.*Shang* et J.Y.Huang ｜ ウコギ科ウコギ属

長径 2.5〜5 mm
短径 1〜3.5 mm

ウコギ属

ヤツデ

検索表 p. 83 ／ 常緑広葉樹　低木　暖温帯〜亜熱帯　海岸〜平野部　多肉果　春・夏

Fatsia japonica (Thunb.) Decne. et Planch. var. *japonica* ｜ ウコギ科ヤツデ属

長径 3.5〜5.5 mm
短径 2〜3 mm

ヤツデ属

タカノツメ

検索表 p. 84 ／ 落葉広葉樹　小高木　温帯　山地　多肉果　秋

Gamblea innovans (Siebold et Zucc.) C.B.Shang, Lowry et Frodin ｜ ウコギ科タカノツメ属

長径 4.5〜6 mm
短径 2〜3.5 mm

タカノツメ属

ウコギ科

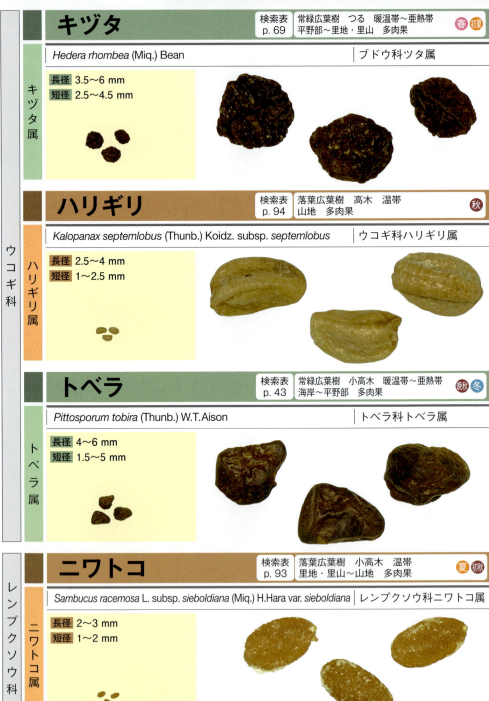

オオカメノキ

検索表 p. 59 　落葉広葉樹　小高木　冷温帯　山地　多肉果　秋

Viburnum furcatum Blume ex Maxim. 　レンプクソウ科ガマズミ属

長径 4.5〜6 mm
短径 4〜4.5 mm

ゴマギ（ゴマキ）

検索表 p. 59 　落葉広葉樹　小高木　冷温帯　里地・里山〜山地　多肉果　秋

Viburnum sieboldii Miq. var. *sieboldii* 　レンプクソウ科ガマズミ属

長径 4.5〜6 mm
短径 3.5〜4.5 mm

カンボク

検索表 p. 63 　落葉広葉樹　小高木　冷温帯　山地　多肉果　秋

Viburnum opulus L. var. *sargentii* (Koehne) Takeda 　レンプクソウ科ガマズミ属

長径 5.5〜8 mm
短径 4.5〜6.5 mm

ヤマシグレ

検索表 p. 64 　落葉広葉樹　低木　冷温帯　山地　多肉果　秋

Viburnum urceolatum Siebold et Zucc. 　レンプクソウ科ガマズミ属

長径 5〜5.5 mm
短径 3.5〜4 mm

レンプクソウ科　ガマズミ属

ガマズミ

検索表 p. 64 ｜ 落葉広葉樹　低木　温帯　里地・里山～山地　多肉果 ｜ 秋

Viburnum dilatatum Thunb. ｜ レンプクソウ科ガマズミ属

長径 4～5.5 mm
短径 3～5 mm

ミヤマガマズミ

検索表 p. 65 ｜ 落葉広葉樹　低木　冷温帯　里地・里山～山地　多肉果 ｜ 秋

Viburnum wrightii Miq. var. *wrightii* ｜ レンプクソウ科ガマズミ属

長径 5.5～7 mm
短径 4.5～6 mm

ハクサンボク

検索表 p. 65 ｜ 常緑広葉樹　小高木　暖温帯～亜熱帯　平野部～里地・里山　多肉果 ｜ 秋

Viburnum japonicum (Thunb.) Spreng. ｜ レンプクソウ科ガマズミ属

長径 6～8 mm
短径 4～5.5 mm

オトコヨウゾメ

検索表 p. 65 ｜ 落葉広葉樹　低木　温帯　山地　多肉果 ｜ 秋

Viburnum phlebotrichum Siebold et Zucc. ｜ レンプクソウ科ガマズミ属

長径 5～9 mm
短径 4～6.5 mm

コバノガマズミ

| 検索表 p. 65 | 落葉広葉樹　低木　温帯
里地・里山〜山地　多肉果 | |

Viburnum erosum Thunb. var. *erosum*　　　レンプクソウ科ガマズミ属

長径　4.5〜6.5 mm
短径　3〜5 mm

サンゴジュ

| 検索表 p. 78 | 常緑広葉樹　高木　暖温帯〜亜熱帯
里地・里山〜山地　多肉果 | |

Viburnum odoratissimum Ker Gawl. var. *awabuki* (K.Koch) Zabel　　　レンプクソウ科ガマズミ属

長径　4.5〜7 mm
短径　3〜4.5 mm

ミヤマウグイスカグラ

| 検索表 p. 47 | 落葉広葉樹　低木　温帯
山地　多肉果 | |

Lonicera gracilipes Miq. var. *glandulosa* Maxim.　　　スイカズラ科スイカズラ属

長径　2.5〜5 mm
短径　2〜2.5 mm

キダチニンドウ

| 検索表 p. 47 | 落葉広葉樹　つる　暖温帯〜亜熱帯
海岸〜平野部　多肉果 | |

Lonicera hypoglauca Miq.　　　スイカズラ科スイカズラ属

長径　3〜4.5 mm
短径　2〜3.5 mm

レンプクソウ科　ガマズミ属

スイカズラ科　スイカズラ属

エゾヒョウタンボク

検索表 p. 47 ｜ 落葉広葉樹　小高木　亜寒帯〜冷温帯　山地　多肉果

Lonicera alpigena L. subsp. *glehnii* (F.Schmidt) H.Hara ｜ スイカズラ科スイカズラ属

長径 5〜6.5 mm
短径 3.5〜4 mm

スイカズラ

検索表 p. 100 ｜ 落葉広葉樹　つる　温帯　里地・里山〜山地　多肉果 秋

Lonicera japonica Thunb. ｜ スイカズラ科スイカズラ属

長径 2.5〜4 mm
短径 1〜2.5 mm

木のタネ事典

森の中のタネ

土の中のタネ——埋土種子

　森の中にはさまざまな樹木が生え、子孫を残すためにタネ（種子）をつけます。タネは風や動物によって運ばれたりしますが、(p. 242〜247) 最後は地面に落ちます。落ちた種子の寿命は数日しかもたないもの（ヤナギ類）から数十年以上土の中で生きているもの（キイチゴ類など）まで、種類によって実にさまざまです。土壌に混じって生きている種子を埋土種子といい、それは森林に限らず、植生のある場所ならどこにでも存在します。埋土種子の集まりを埋土種子集団（土壌シードバンク）とよびます。埋土種子には、「発芽する条件がそろえばすぐに発芽するもの」と「発芽に適した環境があるのに種子のままであるもの——すなわち休眠しているもの」とがあり（種子休眠、p. 236）、後者は温度変化などの刺激を受けて休眠が解除され発芽する仕組みを備えています（休眠打破、p. 237）。たとえばカンバ類は、太陽光に含まれるさまざまな波長の光のうち赤色光の比率が低いと休眠状態に入り、逆に赤色光の比率が高いと休眠が解除されます。つまり、太陽光が林冠（森林上部の葉が集まった部分）を通ると、光合成に必要な赤色光が吸収されて赤色光の比率が低くなった光が地面に届きます。こうした状態ではカンバの種子は休眠を続けますが、上にある木が何かの原因でなくなると赤色光の比率が上がり、休眠が解除されて発芽可

埋土種子集団の形成と攪乱による発芽
林内に落ちた種子群は一部が地中で埋土種子となり、伐採などで地表の環境が急変すると発芽を始める。

表　29年生スギ人工林内の埋土種子集団（種類と1m²あたりの個数）

	種名	1m²あたりの埋土種子数
高木	ヒサカキ	17.6
	ネムノキ	14.4
	イイギリ	11.6
	スギ	5.1
	ヌルデ	0.9
	ミズメ	0.9
	アカメガシワ	0.5
	カラスザンショウ	0.5
低木	キブシ	25.5
	ウツギ	25.0
	キイチゴ属	24.1
	ヒメコウゾ	22.2
	クマイチゴ	3.2
	フユイチゴ	3.2
	タラノキ	1.4
	ムラサキシキブ	0.9
	ナガバモミジイチゴ	0.5
	コアカソ	0.5

	種名	1m²あたりの埋土種子数
多年生草本	ススキ	56.5
	イタドリ	8.3
	ヒヨドリバナ	5.6
	チヂミザサ	3.2
	オトコエシ	3.2
	スゲ属	2.8
	カラムシ	1.9
	コナスビ	1.4
	タケニグサ	1.0
	オオバチドメ	0.5
	カタバミ	0.5
一年生草本	ハシカグサ	20.4
	ヤクシソウ	19.4
	オオアレチノギク	11.6
	ベニバナボロギク	4.6
	ヌカキビ	3.7
	ハハコグサ	0.9
	ササガヤ	0.5

	種名	1m²あたりの埋土種子数
つる植物	サルナシ	5.6
	キカラスウリ	0.9
	スイカズラ	0.9
	ツルウメモドキ	0.5
	ノブドウ	0.5
	ヒヨドリジョウゴ	0.5
	ヘクソカズラ	0.5
	不明	70.4
	計42種	383.8

土の中にさまざまな種類（42種類）の種子が多数量（1m²あたりで384粒）存在していることがわかる。各欄の色は種子散布形を示す。■：風散布、■：動物被食散布、■：重力散布

森の中のタネ

能になります。またアカメガシワは、大きな温度変化にさらされることで休眠が解除されます。これも上の木がなくなって地面に太陽光が直接当たり、地温の急激な変化を感知した結果です。明るい場所であれば発芽した植物が十分な太陽光を受けて早く成長することができます。このような仕組みがあるおかげで、森林で木が伐採されたり台風で木が倒れてもすぐに植生が回復できるのです。

では、実際にどのような種が埋土種子に見られるのでしょうか？　表はスギ人工林で調べた埋土種子組成の例です。実生発生法（p. 222）で調べたところ、この人工林からは42種類の埋土種子が確認されました。種子の数が多いのは、ススキ、キブシ、ウツギ、ヒメコウゾ、ハシカグサなどの草本や低木類でした。数は少ないのですがアカメガシワ、ヌルデ、カラスザンショウなど、先駆樹種と呼ばれるものも多く見られました。また、つる植物の種類が多いことも特徴でした。埋土種子になるタネは、丈夫な種皮を持ち、休眠性をもっているものが多く見られます。これらのタネは発芽に不適な暗い林内では休眠状態で過ごして、環境変化があると発芽する仕組みを進化させてきました。これらは、植物の歴史の中で比較的あとから出現した種群が多く、直径が数ミリ以下という小さなタネをつくります。一方、早く出現した針葉樹やブナ科などはタネが大きく、地面に落ちると数か月以内にすべて発芽するか、死んでしまいます。これらの中には埋土種子の代わりに、発芽した実生稚樹を林内に蓄積して攪乱を待つという戦略をとるものもいます（p. 225）。

（酒井　敦）

埋土種子組成を調べる

埋土種子集団（土壌シードバンク）は植生の潜在的な回復能力を示す指標になります（p. 226）。埋土種子組成を調べることによって、例えば森林を伐採した後にどのような植生が発達するのか、ある程度予測することができます。その調べ方はおおむね次の通りです。

土壌サンプルの採集

まず、埋土種子を含む土壌のサンプリング（採集）が必要です。サンプルをいつ、どのような方法でどれくらい集めるかは、調べる目的や投入できる労力によって異なります。中でも、どれくらいの土壌サンプルを集めたらよいのかというのは大きな問題です。埋土種子の種数は、採取する面積が大きければ大きいほど種数が増えていきます。下図はサンプル面積（調査面積）を増やしていくとどれだけ埋土種子の種数が増えていくかを示したものです。このように、この林分では調査面積の合計が 2 m² を超えてもなお、種数は少しずつ増えています。広大な森林で 2 m² は点のような面積ですが、サンプルの処理には多大な労力を必要とします。従って、埋土種子の調査ではどんなに頑張っても、すべての種類を網羅できるわけではないことを知っておく必要があります。対象とする地域にどれだけ種数があるのかは調査してみないと分からないため、事前に調査面積を決められないというジレンマが常につきまといます。精度を上げる工夫としては、同じ面積のサンプルを採る場合、多量のサンプルを少数採るよりも、少量のサンプルを多数採る方法があります。面積は同じでも、この方がより精度よく埋土種子組成を推定することができます。また、土壌の深さ別の埋土種子分布を見ると、表面に近いところほど種子が多く、深くなるほど少なくなります。表層から少なくとも 5 cm、できれば 10 cm の深さまで土

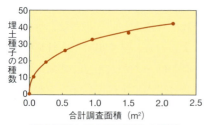

調査面積と埋土種子種数の関係
29 年生のスギ人工林で調べた。調査面積が 1 m² でも多くの種数が把握できるが 2 m² を超えてもまだ新たな種類が増えていくのがわかる。労力や精度を考えながら調査面積を決定する。

採土円筒による土壌の採取
落葉層を別途採取した後、表面から垂直に円筒を押し込む。その際、切れ味の良いシャベルやナタで根などを切除し、円柱内の土を壊さないようにする。

壌サンプルは欲しいところです。さらに、土壌の表層には落ち葉が分解しないで残っているますが、ここにも落下したばかりの種子が多く含まれているので、落葉層も採取する必要があります。

土壌の採取は採土円筒を使う方法が比較的簡単ですが、小石や木の根がある場合は採取に時間がかかり不向きです。原始的な方法ですが、筆者は欲しい深さまで赤色でマーキングした割り箸を方形枠の四隅に立て、スコップで少しずつ掘り取るという方法をとっています。

採取した土壌から埋土種子を検出する方法には、大きく分けて直接計数法と実生発生法があります。どちらも種子や実生の形態を目で見て種名を同定しなくてはならず、植物を見分ける能力と根気が必要とされます。また、どちらの方法も一長一短があり、調査の目的に応じて使い分けたり、併用する必要があります。

直接計数法

種子を土壌から直接選り分ける方法です。作業するまで、含まれる種子が発芽しないようにサンプル土壌は冷蔵庫に保管しておきます。

作業するときはバット（四角く底が浅い皿）に少しずつサンプルを入れ、へらやピンセットを使い選り分けていきます。クロモジの高級楊枝は扱いやすく便利です。目の大きさの違う篩(ふるい)を段階的に使うと効率的に種子を選別できます。土から選り分けた種子は同じ種類ごとに分けて数を記録します。種子は図鑑やサンプルを見ながら同定しますが、最初は正しい種名にたどりつくまで苦戦を強いられるでしょう。埋土種子になる種類はある程度決まっているので、文献などでどのような種類があるのか確認しておくとよいでしょう。また、調査地周辺の植生を観察してどんな種類が生育しているかを把握しておくことも大事です。これは後で説明する実生発生法においても同様です。

直径2mmくらいまでの種子であれば肉眼でも見分けられますが、それより小さい種子になると難しくなります。ヒサカキの種子などは土と見分けがつかない形をしているので見つけ出すのは至難の業です。篩を使って流水でサンプルを洗い出す方法もありますが、ウツギやオオアレチノギク、ハハコグサなどの微細種子は目の細かい篩でも通過してしまい、検出できないおそれがあります。これらの種子を拾い出すには土壌を50％の炭

掘り取り法によるサンプル土壌の採取
面積が大きい場合は、この方法を取る。この場合も断面をきれいに切り取ることが重要。

酸カリウム溶液に浸して、浮いてきた夾雑物を実体顕微鏡で丹念に見るなどの作業が必要です。

以上の方法は小さい種子を選り分けるのに時間と労力がかかるため、処理できるサンプル量に限りがあります。比較的少ないサンプルの埋土種子組成を正確に知りたい場合にはこの方法を採用します。また、この方法は調査時期を選ばないので、埋土種子組成の季節変化を知りたい場合にも使います。

● 実生発生法（発芽試験法）

土壌サンプルを温室や日当たりのよい場所に置き、発芽してくる実生を数えて埋土種子組成を推定する方法です。前の直接計数法に比べると比較的簡単に調査ができて、多くのサンプルを処理できます。その一方で、実生の発生に適した時期は限られるため、サンプルの採取時期や調査時期が限定されます。日本の場合、多くの種子が発芽するのは春です。自然な発芽の始まる前、西日本では3月くらい、関東以北では4月くらいまでにサンプルを採取し、その後はできるだけ早く処理した方がよいでしょう。秋から冬にかけてサンプルを採った場合は、ビニール袋等に入れて冷蔵庫に保管します。

土壌を採取したら作業場に持ち帰り、市販のプランター等に入れます。大きな石、落葉、根などがあると小さい種子の発芽の邪魔になるのでできるだけ取り除きます。外部から遮断された温室があれば言うことはありませんが、なければ野外に置きます。その際は、種子が外部から飛んできたり雨水で跳ね上がったりしてサンプルに混入することを防ぐ工夫が必要です。寒冷紗やプランターを地面か

実生発生法による埋土種子組成の調べ方
左：プランターを野外に並べた様子。外からの種子の侵入を防ぐため、プランターの上部には寒冷紗をかけ、地面には直接置かず高さ30cmほどの台の上に置く。
右：プランターに入れたサンプル土壌から生えてきた芽生え。芽生え直後は種類の同定が難しいので、番号などを付した旗を立てて、少し成長して同定できるまで追跡する。

ミツマタの芽生え。発芽後10日目

オンツツジの芽生え。発芽後約60日目

ら離れた高い場所に置くことである程度の混入は防げますが、それでも微細な種子は必ずと言っていいほど混入してくるので、種名や発芽のタイミングなどを見てデータから取り除く必要があります。

　サンプルを野外に置くと数日で発芽が始まります。出てきたばかりの実生は種名がわからないので、ナンバーを書いた旗をたてて個体識別できるようにしておきます。最初の1か月は、できれば3日おきくらいに観察し、新しいものが出てくればその都度旗を立てていきます。発芽のピークは試験開始後2週間から3週間くらいです。1か月目からは1週間に1回程度に頻度を減らします。2か月を過ぎるとほとんど実生は出そろいますが、秋になってひょっこり発芽してくるものがあるので油断は禁物です。実生の同定は表の文献やウェブサイトが参考になります。ただ実際には、芽生えればすぐに種名が分かるとは限らず、ある程度の大きさになるまで待つことが多いでしょう。そのため、いかに実生を枯らさないでうまく育てるかがこの方法を成功させるポイントになります。

　実生発生法では、休眠したままの種子、調査途中で死んでしまう種子はカウントできず、実際の埋土種子組成を過小に評価する傾向にあります。しかし、直接計数法では見落としがちな微細種子も比較的簡単に検出することができ、また多量のサンプルを扱うことができるのがこの方法の長所です。

（酒井　敦）

森林に降り注ぐタネ

　森林では毎年タネが散布され地面に落ちています。生態学ではこれをシードレインと呼んでいます（p.259）。種子は風や動物などによって遠くまで運ばれますが、どのような散布型を持とうとも大部分の種子は親木の近くに落下します。

●落下種子の量は？

　単一の樹木が植栽されている人工林の場合、その林内に落ちたり持ち込まれる種子はどれだけあるのでしょうか？　日本の人工林はその多くがスギ、ヒノキ、カラマツなどの針葉樹です。スギやヒノキは年によって変動はあるものの、毎年大量の種子の雨を降らせます。例えば、22～34年生のヒノキ人工林では、1年で1,000～11,000個/m^2の種子を降らせます。針葉樹の種子には休眠性がなく、秋から冬にかけて地面に落ちるとほとんどが次の春までに死ぬか、わずかに生き残った種子は発芽して実生になります。しかし実生も林内の暗い環境では数か月でほぼ枯死してしまい、いかに大量に種子を降らせようとも、翌年まで生き残る種子や実生はほとんどありません。

　それでは、植栽された針葉樹以外の植物の種子はどれくらい落下しているのでしょうか？　シードレインの調査・研究は天然林で盛んに行われてきましたが、最近では人工林でも調査が進んでいます。筆者らが高知市のヒノキ人工林でシードトラップ（p.266）を設置して調べた例では、10年間あまりの継続調査で57種、数にして190個/m^2/年ほどの種子が林内に散布されていました。その半分以上はヒサカキ、イヌビワなどの低木で、種子を林内で生産していた樹種でした。林の外から持ち込まれたと考えられるのは、ヤマハゼ、イイギリ、カクレミノなどの樹木、ノブドウ、ミツバアケビなどのつる植物の、いずれも被食散布（p.244）される種子で、数はそれぞれ2～8個/m^2/年ほどでした。こうした調査から、多くの種類の植物の種子が、数は少ないながらも人工林に降り注いでいるということがわかります。

●動物が持ち込む種子

　一方、地面を歩いて移動するテンやタヌキのような動物や、ヤマドリなどの鳥類も相当の数の種子を人工林内に持ち込んでいると考えられます。特に、種子を食料として巣穴などに貯める（貯食）行動をするネズミや鳥類は、堅果（どんぐり）をつくるブナ科樹木にとっては重要な種子散布者とされています。アカネズミやヒメネズミはどんぐりを人工林内に持ち込んでいると考えられます。最近のさまざまな研究成果によると、ネズミ類が隣接する広葉樹から林内に移動する距離は20～30m程度のようです（p.265）。これはネズミのなわばりの直径が30mほどなのでどんぐりの移動もそれくらいが限度であるからでしょう。

　しかし、ネズミは繁殖期には異性を求

自動撮影装置がとらえたアカネズミとカケス（高知県、市ノ又渓谷風景林）
どんぐりに磁石を仕込み散布範囲を調べたところ、林内に向かって30mの範囲に散布されていた。カケス（右上）は地表に落ちたどんぐりを持ち去り、より遠くへと散布している。

めて100m以上の距離を移動するので、その時に堅果が長距離移動する可能性も否定できません。どんぐりの長距離運搬者として最も貢献していると考えられるのはカケスです。何ヘクタールにもわたって針葉樹人工林が広がり、隣接する広葉樹から100m以上も離れた林内でも、カシやナラ類の若い実生が見つかることがあります。カケスはどんぐりをくわえて300m以上移動し、切り株や倒木のそばなど地中に貯蔵します。このような動物や鳥の貯食行動によって人工林内に堅果類が持ち込まれているのは疑いがなく、置き忘れられたどんぐりは、春になるとめでたく発芽するのです。

● 落下種子のその後

　地面に落下した種子の大半は捕食者や菌類によって死亡し、一部が発芽して実生（稚樹）になるか、埋土種子として生き残ります。樹木の種子の場合、大雑把に分けると風や動物の貯食行動によって散布される種子には休眠性がなく、落下後すぐにもしくは越冬後発芽して実生になります。その中でも耐陰性の高い一部の針葉樹やブナ科樹種は稚樹が林内で長期間生存し、稚樹の集団（シードリングバンク）が作られます。ただし、ミズメなど風散布型の種子には埋土種子となる樹種もあります。一方、鳥類によって被食散布された種子は埋土種子になるものが多く見られます。鳥類の消化器官を耐える種子の構造と休眠性の獲得には何らかの関連があるのかもしれません。こうして、それぞれがそれぞれの形で、発芽や生育に適した環境に変化するまで待機していると考えられます。　　（酒井　敦）

森林の植生回復力

少しタネの話題からそれますが、森林の植生回復力について考えてみましょう。これは森林のある場所で風倒、山火事、伐採などの急激な環境変化（生態学では「攪乱」という）があった場合、潜在的にどれくらい植生が回復・再生する能力があるのか示すものです。今のところ、これを定量的に測定する方法はありません。しかし、こうした考え方をすることによって、今ある森林がどういう状態にあり、さまざまな攪乱が起こった後に、どのような植生になるのか方向性を見いだすことができるでしょう。

●植生回復の要素

ここでは人間活動による主な攪乱、皆伐（ある一定面積の木をすべて伐採すること）を考えてみます。植生回復の大きな要素には、①土壌中に眠っていた埋土種子集団、②実生や稚樹集団を含めた林床植生、③攪乱後に侵入してきた種子が考えられます。植生回復の大きな要素の一つである埋土種子集団は、攪乱による環境変化を感知して発芽し、新しい植生ができます（p. 218）。埋土種子によって回復する植生は、しばしば攪乱前とは全く異なる種類になります。もう一つの大きな植生回復要素は、攪乱後に残った林床植生で、さらに広葉樹林の場合、伐採した木の根元から生えてくる萌芽は重要な回復要素になります。樹木の萌芽性は種によって異なり、また同じ樹種でも樹齢によって萌芽力が変化します。一般的に高齢で大径木になると萌芽力は減退します。伐採する木がスギ、ヒノキの場合、

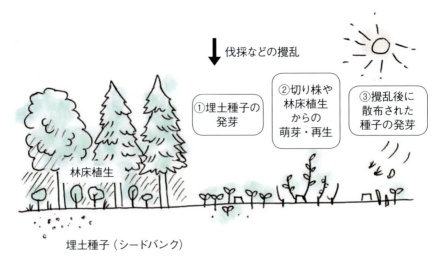

伐採跡地における3つの植生回復要素
①土壌中の埋土種子集団が発芽する、②切り株からの萌芽や元からあった稚樹集団の成長、③後から侵入してきた種子集団の発芽、が植生を回復させる力となる。

シカの食害により裸地化した山の山頂部（愛媛県三本杭）
かつてはササにおおわれていたが、シカに食べられて裸地になった。白い小枝のようなものは枯れたササの根茎。植生の回復に時間がかかるだろうと想像できる。

これらの樹種は萌芽性がほとんどないので、植生回復は萌芽以外の要素に頼ることになり、稚樹集団や草本類が重要な植生回復要素となります。耐陰性の高い一部の種類では、伐採による直射日光の照射やそれによって起きる乾燥に耐えられず枯死し、時にはその中に希少植物なども含まれており、それはそれで問題なのですが、多くの種類は伐採後も生き延びることができます。最後の一つは伐採後に他の場所から供給される種子集団です。これは、上の二つの要素が欠如している場合、もしくはそれらがあっても植生回復が遅い場合に意味を持ってきますが、通常は植生回復に寄与する割合は低いものです。

● 植生回復を妨げるもの

これらの要素が十分に備えられていても、他の要因によって植生回復が妨げられることがあります。その一つに、シカの異常な増加とそれに伴う食害があります。シカは多くの植物を食べるため、個体数が増えるとその地域の植生は一変してしまいます。多くの場合、シカが好まないシダ類、ススキなどの単調な植生に置き換わってしまいます。シカの密度が非常に高くなると、文字通り一木一草生えない裸地と化してしまうことすらあります。

● 回復力の強い森林

それでは、植生回復力の強い森林とはどんなものでしょうか？　人工林を例にすると、林床植生が豊富でかつ埋土種子集団が豊富な林が植生回復力の高い森林であると言えそうです。林床植生は低木種ばかりあるよりも、高木種、しかも遷移後期種（原生林の構成樹種）の稚樹集団や萌芽できる立木を含んでいる方がより自然に近い森林に早く移行できるでしょう。逆に植生回復力の低い森林とは、林床植生が乏しく、埋土種子組成も乏しい場所です。森林の植生回復力は、p.232 にもあるように隣接する森林の質や位置関係も深く関係しています。

（酒井 敦・田内 裕之）

タネで森が変わっていく

　日本は水の国と言われるように、世界中でも降雨量が多い地域です。さらに、温暖な気候であるため植物の生育は旺盛で、裸地ができても1～2年後には何らかの草本が生育し、数年後には植物で覆い尽くされてしまいます。森林においても同じで、伐採された直後は裸地状態になりますが、数年内には植生が回復します。その原動力がタネ（種子）や稚樹など、つまり植生回復（更新）の要素であり（p.226）、それぞれの要素の有無や大小によって植生の更新スピードが決まってきます。日本は森林を伐採してもすぐに元通りになるから大丈夫、という声を聞くことがあります。確かに、遠景で見ている限り、伐採後の土地はすぐに緑になるので森林が更新（再生）したように見えます。しかし、その場所にどのような種子が存在したり、落ちてきたりするかによって、再生する植生は変わるのです。

●人工林を広葉樹林に

　近年、人工林を混交林や広葉樹林へと変えていこうという動きがあります。人工林一辺倒でなく、さまざまな森林を育成するという考え方によるもので、それはそれで正しいあり方だと思われます。しかし、人工林を伐れば自然に森（広葉樹林）ができるのだよと言う短絡的な考え方は失敗の元となります。なぜなら、広葉樹林へ誘導していこうとする人工林は、多くの場合は手入れ不足で、間伐など人工林としての育成作業が放棄されている森林だからです。そのような森林は植栽木が過密状態で、特にスギやヒノキなどの常緑性樹木の人工林では、林内は非常に暗く林床に生育できる木本類（樹木）は極めて少ない状態にあります。こ

手入れされていない人工林
林内が暗いままなので、稚樹が生育できず、ほとんど無植生状態になる。このような森林では、伐採後の植生回復が遅くなる。

のような、樹木の少ない林床植生で、森へと植生回復するためには、どのような要素が期待できるでしょうか？　伐採直後に期待できる要素は埋土種子集団（p.218）だけです。混交林化や広葉樹林化を促すために、まず植栽木の抜き伐り（間伐のようなもの）が行われます。その目的は、林床を明るくし広葉樹などの種子を発芽させ成長を促すことです。では、抜き伐りをすれば、元々あった自然の森林に変わっていくのでしょうか？　残念ながら答えはノーです。

● ただ伐るだけではうまくいかない

　その理由は、人工林の埋土種子には天然林の林冠を構成するような高木性樹種が極めて少ないためです。天然林内では、高木性樹種の稚樹の外に埋土種子も 680 粒/m² と数多く存在しましたが、人工林内には稚樹はほとんどなく、埋土種子もわずかに 5 粒/m² でした。このような人工林でも、強度の抜き伐りをすれば、草本類やアカメガシワやヌルデなど光要求性の高い先駆性樹種が発芽しますが、数年経つと林冠が残っていた高木によって閉鎖してしまうので、多くが枯死してしまいます。実際、抜き伐り直後はさまざまな植物が発生し、植生が回復したように見えますが、長く生き残るのはヒサカキやムラサキシキブなど低木性の耐陰性の高い樹種群です。

● 広葉樹林への誘導のために

　ここで、考えておかねばならないのは、

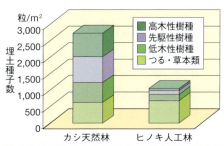

隣接する天然林と人工林内の埋土種子数の違い（直接計数法による）
人工林内にもつるや草本類の種子は存在するが、樹木、特に高木性樹種の種子は極めて少ない。

更新の要素となるのは多くが埋土種子由来の先駆性樹種であり、本来自生しているようなブナ、ナラ、カシなどの高木性樹種が少なく、そのような森林へと簡単には移行できないということです。ただし、時間をかけることやこまめな手入れを行うことで、広葉樹林への誘導は可能となるでしょう。それは、①植栽木の抜き伐りを定期的に行い、常に林内を明るく保つこと（下から見上げて、林冠の空隙が20％以上空いていること）、②果実をつける低木などを積極的に残し、種子散布者が入り込みやすくすること、③目的樹種の実生が発生しない場合は、播種や植栽を行うこと等です。しかし、このような作業を行っても、実生や稚樹が成木へと成長するためには、数十年から100年の時間が必要であり、森林を育成するためには長い時間がかかることを理解しておかねばなりません。

（田内　裕之）

回復力の高い森林の作り方

森林への植生回復力の高い森林とは、攪乱前の林床植生に高木性樹種などの稚樹を多く含み、埋土種子集団が豊富な林です（p.226）。それでは、どのような管理をしたら植生回復力の高い林になるのでしょうか。人手が余り入っていない天然林（原生林）にその答えのヒントが見つかります。

●林冠ギャップ

天然林では、通常寿命を迎えた高木が風などによって倒れ、そこに林冠ギャップ（林冠が空いた場所）が生じます。林冠ギャップの下は直射日光が差し込み、そこに存在する埋土種子や稚樹が発芽・成長する環境ができあがります。高木性の樹木は、寿命数百年といわれる一生の間、林床に数多くの種子を散布し、それらは埋土種子集団や稚樹集団（p.225）となって、林冠ギャップができるなど、環境が変化する日を待ち続けているのです。もちろん、林冠ギャップに頼らずも世代交代を行いながら生存している種類もあります。基本的に広い原生林の中では、それを構成するすべての植物が生育し、子孫を残そうとしているので、埋土種子集団や稚樹集団の元となる種子をはじめとした植生回復要素が豊富で、壊れた場所（林冠ギャップ）の植生回復も比較的速いのです。

●森づくりの目標

人間が、木材や紙など森林資源を使った生活をして行かねばならない以上、森林を伐採するという行為がなくなることはありません。しかし、私たちが森林に対して求めている役割（機能）は、木材生産機能ばかりでなく、生物多様性の維持機能、二酸化炭素吸収機能、国土保全機能等多岐にわたっています。これらの多面的機能を享受するために、単純な人工林だけでなく、多様な森林の育成が求められています。無用な人手を掛けず、自然の力を上手に利用して森林をいかに育てていけばよいのでしょうか。それはまさに森林植生回復能力の高い森林を育成することです。そのためには、森林の

天然林内の根返りによる林冠ギャップ
ギャップ（倒木などによる林冠の開放）によって、その下の光環境は激変し、稚樹群は旺盛な成長を始める。

中にいかに種子を多く落とさせ、埋土種子集団や稚樹集団をうまく育成できるかが重要なのです。それらがあれば、伐採をした後も、多くの手間を掛けずとも、森林の再生が期待できるからです。

もちろん、どのような森林を育成したいのか、つまり目標とする林型はどのようなものかを決めておかねばなりません。例えば、カシが優占する林を育成したい場合、次世代のカシを埋土種子集団に求めるのは誤りです。大型の種子（どんぐり）をつくるブナ科のカシ類は、埋土種子とはならず、すぐに発芽して稚樹となって長く生存するタイプなので（p.225）、稚樹が林内にあるかどうか、また親木が近くにあるかどうかが問題になってきます。それがない場合は、どんぐりを播種するとか苗木を植栽するなどの作業が必要となります。

● **風散布種子を利用した再生**

一方で、風散布種子をうまく利用した再生も行われています。落葉広葉樹には風散布種子を生産する高木性樹種がいくつか存在し、攪乱が激しい大ギャップなどでこれらの種子が発芽し定着します。埋土種子や稚樹集団が少ない場所でも、カンバ類のように微小で多量の種子を散布する樹種が周辺に母樹として生育し、十分な種子供給が期待できる場合には、土壌をいくらか攪乱し、このような種子が定着しやすい環境をつくって回復を早める作業も行われています。また、研究の現場では、種子の移入が少ない人工林内で、まず果実をつくる低木性の樹木などを育成・結実させ、鳥類（種子散布者）を誘引して周辺の樹木から採食した種子を林内に積極的に落とさせ（シードレインの増加）、埋土種子や稚樹集団を豊富にし、回復力が高い森林を育成する方法等も試みられています。　（田内 裕之）

ギャップ内の倒木上で一斉に発芽したシラカンバ
風散布のような微小な種子は定着する場所が限られる。

天然更新によってできたシラカンバ林

森の中のタネ

タネの力を利用した森林のデザイン

私たちは、森林に対してさまざまな機能を期待していますが、一つの林型で多くの機能のすべてが満たされるわけではありません。そのため、我々は目的に見合った林型を持つ、さまざま森を育成する必要があります。例えば、土地の生産力が高く、地理的な条件がよい場所では、木材生産を主とした人工林を育成していくことが求められるでしょう。しかし、成長が悪かったり地理的条件が悪かったりするような、人工林の維持や管理が難しい場所では、他の林型へと変換することも必要です。そして、天然更新が可能な場所では、積極的にその自然力を活用すべきです。天然更新の元となる、埋土種子集団や稚樹集団を豊富にするためには、やはり種子源となる母樹が周辺に存在しなければなりません。森林の持つ植生回復力を利用し、多様な森林を育成・維持していくためには、タネ（種子）の成る樹木や種子を供給する林分の配置が重要となってきます。

●天然更新が可能な森林

人工林をその位置や過去の土地利用の関係から解析してみると、周辺の広葉樹林（母樹群）から50m以上離れている場所の林分では、極端に高木性樹木の稚樹集団の密度が低くなることがわかりました。これは、多くの種子散布者の散布範囲が50m程度以内であり、それ以上

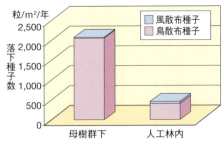

母樹群下とそれから50m離れた人工林内に散布された木本植物の種子の量（シードトラップ法による）母樹の下に多くの種子が落下するのは当然だが、風や鳥によってかなりの種子が人工林内へ持ち込まれていることがわかる。

離れると散布数が非常に少なくなることを示しています（p.265）。また、人工林造成前の土地利用を見ると、採草地や放牧地等の草地であった所では、稚樹集団の密度が低いことがわかりました。人工林内の稚樹集団は、植栽の前から生育していた樹木の生き残りが多いとも言われていて、この結果は過去にそこに森林（生き残るための樹木集団）があったかどうかが重要であることを示しています。

●保残帯を種子供給源に

また、尾根等に残されている保残帯等は種子の供給源としてもっと整備すべきです。人工林地帯であっても、尾根筋には防風等のため保残帯（天然林のまま残した場所）を多くの場合設定しています。右ページ上の写真は幅30m以上あるアカガシの保残帯で、ここでは斜面下の皆伐跡地にアカガシの稚樹が旺盛に更新していました。一方、下の写真は幅数メートルほどの保残帯ですが、強い風を受けるため徐々に立木が衰退していて、種子

幅が広く健全な保残帯
母樹となる木が多く、種子源として期待できる

供給源としての機能が果たせていません。このように、適度の幅（面積）を持った保残帯は母樹群として機能していると考えられます。尾根筋の保残帯は斜面に対して高い位置にあるので種子源の場所として効果的であると考えられます。ただし、尾根という地形のためにそこを好む樹種が生育することがあるため、母樹群の種類構成が偏る可能性が高いのです。やはり、斜面下部（渓畔周辺域）等も含めて、母樹群の適正な配置デザインが求められます。

● **新しい技術の活用**

現在はリモートセンシングやGISの技術が進歩し、コンピューター上で林分の面積や距離を計算したり、さまざまなシミュレーションを行うことが可能になってきました。前述のように、種子供給源となる広葉樹林からの距離や前植生の土地利用等から、天然更新で広葉樹林へと誘導可能な人工林の図化（マッピング）

貧弱で衰退している保残帯
枯れ木が目立ち、種子源としての機能が低くなっている。

も可能となってきました。種子の散布距離や散布を媒介する動物の行動様式などがもっと明らかになれば、植生の回復力を空間的に正確にマッピングし、適切な森林の配置デザインを示すことができるようになります。そして、流域のような大きな単位で多様な森林を育成し、維持することが可能となり、より賢い森林の利用や管理ができるようになるでしょう。

（田内 裕之・酒井 敦）

タネの発芽と休眠

種子発芽

　発芽とは、専門的には、種子内部の胚が成長して、種皮の外部にその一部が現れることを指します。しかし、野外の研究などでは、種皮からの出現を観察することが難しいため、地面から胚の一部が出てきた状態を発芽とみなすことがあります。

　発芽時には、芽よりも先に、根が現れることが多く見られます。厳密にいうと、胚軸の先端である幼根が先に現れ、その後に子葉が現れるということです。種子から外部に出た後の植物体全体を指して、実生といいます。一般的に「ふたば」と呼ばれる部分が子葉であり、被子植物のうち、単子葉植物ではとがった形状の一枚の子葉があり、双子葉植物では丸みのある二枚の子葉をもちます。裸子植物では、子葉の枚数は変異に富みます。

　発芽には、ある一定の環境が必要で、次のような条件が知られています。

●水

　多くの種子は散布される時には乾燥状態にあり、発芽までの第一段階として吸水が必要です。植物が光合成によって物質を生産できるようになるのは発芽して展葉した後であり、それまでは種子内部の胚乳などに蓄えられたデンプンなどの栄養分を利用し、動物と同じように呼吸を行って成長します。水は、酵素の活性化や代謝活動、また蓄えられた栄養分を呼吸などに利用可能な形態に分解するために不可欠なものです。つまり、水は発芽を促し、代謝活動を促進するために大きな働きを持つのです。

●酸素

　酸素は、呼吸を行って効率的にエネルギーを得るために、多くの植物が生きる

林床で発芽したヒノキアスナロ

ブナの実生

地表にあらわれたさまざまな実生（酒井敦 撮影）

うえで不可欠なものです。種子も例外ではなく、多くの植物では酸素呼吸を行わないと発芽できません。

●温度

植物の種類によって、種子の発芽に適した温度が異なっていて、普通はその温度域でしか発芽できません。ただし、植物全体でみれば、0度付近から発芽可能なものや、30度以上で発芽可能なものなど、発芽に適した温度幅は非常に広いといえます。また、一定の温度ではほとんど発芽せず、変温するような条件で発芽が促進される種子もあります（p.218）。

●その他

発芽の段階では光合成を開始していないので、光は発芽にとって不可欠とは考えにくいのですが、実際には光を浴びないとほとんど発芽しない植物もあります。そうした植物の種子は、光発芽種子と呼ばれます。これは、暗い不適な環境での発芽を防ぐ手段と考えられます。ただし、光発芽種子であっても、水、酸素、温度の三大要素が好条件になると暗い条件でも発芽することがあり、三大要素と比べた場合にはさほど重要ではないといえます。他にも、発芽時における二酸化炭素濃度、エチレン濃度なども発芽に影響することがあります。　　（八木橋 勉）

種子休眠

多くの植物で、種子にとって発芽に適した環境になっても、発芽しない現象が見られます。これを種子休眠といいます。

● なぜ休眠するのか

植物の種子が休眠する理由として、①その植物の生育にとって不適な期間に発芽することを避けること、②一度にすべて発芽すると、一斉に被害を受けた時に全滅の危険があるため、それを避けること、が挙げられます。

①については、例えば、日本では春以降の暖かい時期に成長して秋に果実を実らせる植物が多いのですが、種子がそのまま秋に発芽してしまうと、すぐに生育に適さない冬を迎えてしまいます。そこで、秋に種子が散布された時点では、種子は休眠しており、翌春になってから発芽する植物が多いのです。②については、雑草がよい例となります。雑草には、種子が落ちないようにすべてを抜き取っても、次々と時期をずらしながら発芽してくる種類が多数あります。もし、休眠しなければ、地面に残った種子はいっせいに発芽してしまいますが、休眠していれば、発芽するために、休眠が解除される条件を整える休眠打破（p. 237）という環境変化が必要になります。雑草を抜いたり、耕うんをすると、土壌が攪乱されて、発芽に適した条件になった一部の種子が発芽します。残ったものはさらに休眠を続けるので、抜いても抜いても芽が出てくるということが起こります。こうして発芽時期を分散させることで、子どもたちが一斉に枯れるという危険を回避することができるのです。

● さまざまな休眠

休眠は大きく分けて、形態的休眠、生理的休眠、物理的休眠と、その複合タイプに分けることができます。形態的休眠では、種子内の胚が未分化または発達途中なので、胚の分化や発達に好適な条件

ヤマウルシとアカメガシワの実生 (酒井敦 撮影)
ヤマウルシ（左）は物理的休眠、アカメガシワ（右）は生理的休眠性を持つ

に一定期間置くことで、発芽することができます。生理的休眠では、胚はすでに形成されていますが、胚がさらに成長して種皮を突き破って発芽するには、休眠が解除される条件の変化（休眠打破）が必要です。休眠打破には、植物の種類によって、低温処理、変温処理などがあります。物理的休眠では、不透水性の種皮のために水分が種子内に侵入しないために休眠状態となっているので、種皮を傷つけるなどして、発芽を促す必要があります。種皮の傷つけ処理には、酸処理、熱処理などいくつかの方法があります。

　果実が結実して種子が散布された直後に、発芽に適した環境においても発芽しない状態を一次休眠といいます。一次休眠は種子が初めから休眠状態にあるもので、自発休眠や、生得休眠ともよびます。一方、休眠打破後も発芽の条件が整わないために発芽せず、再び休眠に入る場合もあります。そのような非休眠の状態になった種子が再び休眠状態に入ることを二次休眠といいます。

　休眠に対して、発芽に適した条件さえ整えばすぐに発芽する状態は非休眠といいます。また、休眠が解除されつつある段階などで、非休眠状態よりも限られた環境条件のみで発芽する状態にあるものを条件休眠とよびます。条件休眠の状態と、非休眠状態であるにもかかわらず発芽の好適条件が満たされていないために発芽しない状態の区別は難しいのですが、条件休眠の場合には適切な休眠打破処理を行うと、より広い環境条件で発芽するようになるので、区別が可能です。

● 埋土種子と休眠

　しかし、休眠の定義が「種子を発芽に適した環境においても発芽しない」とされているので、休眠性や埋土種子についての理解で混乱することがあります（埋土種子の詳しい説明は p. 218）。埋土種子は、地面に落ちても発芽せずに好適な環境になるまで土中に埋まって「休眠している」とされることがありますが、種子休眠の定義から見ると、埋土種子は必ずしも休眠している必要はありません。つまり、非休眠状態であっても発芽の好適条件が限られたものであれば、発芽せずに土中に存在し続けることが可能なのです。

（八木橋 勉）

発芽実験

　発芽実験は目的に応じてさまざまな方法で行われますが、まず簡便な方法で発芽実験を行うことを考えてみましょう（より複雑な埋土種子の発芽実験については、p. 222）。休眠を打破する処理が必要で、それが複雑な種子もありますが、ここでは一般的な実験をとりあげます。なお、秋に結実して、春から夏にかけて発芽するものが多い日本の樹木種子では、数か月間0℃から5℃程度の低温下で十分に水分を吸収させる（低温湿層処理）と休眠が打破されるものが多いので、温度条件を管理できる施設以外では、春に実験を行うのが普通です。

●発芽率を調べよう

　まずは、発芽率を調べる実験です。滅菌したシャーレやろ紙などがあればよいのですが、簡易には皿などの平たい容器に脱脂綿かガーゼを敷きます。そこに種子を一定数ならべて、ろ紙や脱脂綿を種子が沈まない程度に適度に湿らせます。そうして一定期間後に発芽した種子を数えて、それを百分率で示したものが発芽率です。

●発芽条件を調べよう

　発芽実験の例として、発芽にに必要な水、酸素、温度条件を、操作実験で確認してみましょう。すべての条件を一度に明らかにする実験を組むこともできますが、複雑になるので、まずは発芽の温度条件（適温）について確認してみます。発芽率を調べる方法と同様に、容器に種子を同数ずつまき、適度に湿らせます。あらかじめ室内や室外などで温度を測っておき、容器を異なる温度条件下に置きます。種子数は、少なくとも一つの容器に100粒程度はあったほうが良いでしょう。一定期間後に発芽した種子数を数えてみれば、発芽に適した温度を明らかにできます。ただし、こうした簡便な方法でも、温度条件以外の環境は、差が無いように配慮した方が良いです。水や酸素についても同様な操作実験で確認ができます。水なら、一方は適度に湿らせ、一方は水を入れずに比較します。酸素なら、一方は種子が沈まない程度に湿らせ、もう一方をしっかりと水に沈むようにして比較すれば判断できます。

●情報を得るには

　専門的な実験では、基本的には上記と同じですが、より厳密に条件をそろえるために、シャーレやろ紙を滅菌処理したり、恒温器で温度を調節したり、光発芽種子では光の強さや質を調整したりするなど、実験に応じてさまざまな条件設定が行われます。発芽実験にあたってのさまざまな方法、特に休眠打破処理や発芽の適温については、ISTA発行のInternational Rules for seed testingなどを参考にすることができます。ただし、すべての種が網羅されているわけではないので、同属の種を参考にしたり、その

植物が分布している地域の環境や、その植物の更新適地の環境などから推定する必要がある場合もあります。発芽実験にあたっては、専門書にあたることも大切ですが、可能ならば実際にその植物の発芽実験を行った経験を持つ人から情報を得ることも重要です。またある程度の試行錯誤が必要になると考えて、余裕を持った実験設定を行う必要があるでしょう。

● 結果を判断するための実験計画

　また専門的な実験の場合、統計解析によって結果を判断することを前提にして実験を組む必要があります。例えば、発芽率に対する温度（10℃と20℃での比較）の効果をみる実験を例にとると、10℃と20℃の温度条件下それぞれに100種子が入ったシャーレを通常四つ以上用意します（反復）。こうすることで、二つの温度条件での発芽率の差が、統計的に有意であるのかを検定できるようになります。例えば10℃での発芽率が50％で20℃での発芽率が70％であったことを考えてみてください。反復がなくシャーレ一つずつの結果であると、これが

シャーレに並べられたブナの種子
このような大型種子の場合、1枚のシャーレに多くの種子を入れることができない。発芽率の算出単位は100種子以上にした方が良いので、必要な数のシャーレを用意する必要がある。

温度による差であるのか、たまたま10℃に置いたシャーレ内の種子の発芽率が良くなかっただけなのかがわかりません。反復を多くとれば、例えば10℃で50％、55％、45％、50％で、20℃で70％、75％、65％、70％といった結果ならば、統計的な検定の結果を根拠に発芽率の差の有無を判断できます。ただし、「率」を検定する方法は単純ではないので、研究を行う場合は、統計の専門書にあたるなどして慎重に実験計画をたてる必要があります。　　　　　（八木橋 勉）

さまざまなタネの散布手段

種子散布の進化

　生命を維持するために、動物は餌や資源を探し回らなければなりませんが、植物は一度根を張った場所から移動する必要がありません。植物は身の回りの資源（水、二酸化炭素、太陽エネルギー）を使って自ら炭水化物を合成できるからです。植物に自ら動き回る進化が起こらなかった根本的な理由はそこにあります。しかし、移動能力を持たない植物にとって決定的に不利な点が一つあります。それは、身の回りで起こる急激な環境の変化に素早く対応できないことです。

　自然界には、大小さまざまな危険があります。土砂崩れや山火事、洪水などの自然災害が押し寄せることもあれば、昆虫や哺乳類に葉が食べられてしまうこともあります。周りの植物が太陽光を遮ってしまうことも頻繁に起こります。このように、いつ起こるかも知れない環境の変化に備え、植物は"種子を生産し、移動させる"という手段を進化させました。植物は自らが移動するのではなく、種子を運ぶことで次世代に命をつないでいくのです。種子に子孫繁栄を託して移動させる、この過程を生態学では「種子散布」と呼んでいます。

●種子とは

　それでは、種子とは何でしょうか。親と同等の植物体を形作るのに必要な遺伝情報と、発芽に必要な少しばかりの栄養分と組織をギュッと詰め込んだ小型カプセルが「種子」です。そして、次の世代へ命をつなぐために種子が担っている役割が4つあります。一つ目は、仲間や子孫の個体数を増やすこと、二つ目に、生育地を移動し、生育する地域を拡大することです。三つ目は、親の姿では耐えがたく都合の悪い環境に遭遇した時に種子を生産し、種子を休眠させた状態で良好な環境を待つことです。そのために、発芽や生育に適切な環境を、光や温度などの情報から察知するためのセンサーを内蔵しています。最後の一つは、1本の親木の雌花がさまざまな個体の雄花の花粉を受け入れる有性生殖（オスとメスという性が関与する生殖）によって、多様な遺伝子（性質）を持った種子をつくることを可能にし、多様な環境に子孫が適応できるようにすることです。まさに種子は植物が長い進化の過程で獲得した小さな発明品といえるでしょう。

　一口に種子と言っても、その形態（サイズ、形、色、香り、栄養分など）は、種類によって著しく異なっています。この一つ一つの種子の形態に進化の歴史がつまっています。進化の多くは、突然変異と自然選択によって起こったと考えられています。自然選択とは、突然変異によって偶然

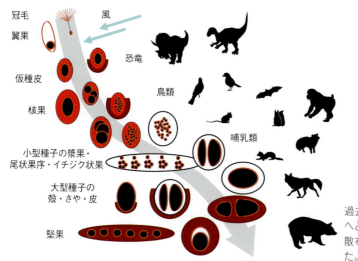

種子散布の進化
過去(左上)から現在(右下)へと、動物の進化とともに散布様式も多様になってきた。

さまざまなタネの散布手段

生まれたいくつもの形態や行動などの中から、子孫を残すことに有利なものが世代を越えて受け継がれるようになる過程をいいます。そして、自然選択の過程では、周りの物理的環境(気温、降水量など)や生物的環境(食べる食べられるという敵対関係、同じ資源を奪い合う競争関係、両者が利用し合う相利共生関係など)が大きく関与してきました。つまり、現在見られる種子の形態は、何らかの手段を使って種子を移動させることが、この自然界の中で子孫を残すことに有利にはたらいた形態が選ばれた結果なのです。風や水の流れを利用するもの、さまざまな種類の鳥類や哺乳類を利用するものなど、種子が長い進化の過程で獲得した移動手段は、実に多様性に満ちています。

● **種子散布の歴史をたどる**

種子散布の進化がたどった歴史を振り返ってみてみると、徐々に進化の多様性を増してきたことに気づかされます。その進化は、まず風を利用する裸子植物から始まりました。マツ科のように種子の移動を風にゆだねる植物が現われたのが、今から約3億年前のデボン期です。続いて、裸子植物が繁栄する時代に動物を利用する植物が登場します。恐竜の時代です。その後、被子植物が繁栄する時代に突入し、鳥類と哺乳類が登場すると進化は多様性をどんどん増していきます。鳥類の登場は今から約1億5000年前のジュラ紀末期のこと、哺乳類の登場は約2億2500年前の三畳紀後半のことです。よって種子散布の進化の歴史を大まかに捉えると、風から恐竜へ、恐竜から鳥類へ、鳥類から哺乳類へと散布の担い手を拡大させてきたことが分かります。種子をじっくり観察し、一粒一粒の形態の持つ意味を知ったとき、その進化の厚みとドラマが感動となって迫ってくるでしょう。　　(高橋 一秋・高橋 香織)

風散布

　風は、太陽熱というエネルギーによって吹きます。温められた空気は膨張して軽くなり、上昇します。上昇した空気は徐々に熱を奪われ、収縮して重たくなり、また下降し始めます。この単純な空気の膨張と収縮の繰り返しがさまざまな方向と強さの風を生み出しているのです。弱い風も含めると、全く風が吹かない日は珍しく、比較的安定した動力だといえます。風は、植物にとって頼りになる移動手段に違いありません。植物が太古の昔から吹いていた風を種子の運搬手段として選んだのは至極当然のことでしょう。

●翼をもつ種子

　植物が風を的確に捉えて種子を飛ばすために進化させた形態は、実に多様です。その中でも多いのは、種子の周りに翼や毛を発達させたものです。マツ科（アカマツ、クロマツなど）やカエデ属（ハウチワカエデ、イタヤカエデなど）の種子は、翼を持つことで飛翔力を手に入れました。風を受けると、飛行機のプロペラのようにクルクルとらせん状に回転し、上手に風を捉えて飛びます。ただの滑空ではありません。翼の表面を空気が伝って浮力が生まれるように、その形状が空気力学的に理にかなっているからこそ、驚くほど見事な回転が生じるのです。このような翼を持つ種子は、マツ科、スギ科、ヒノキ科、カバノキ科、カエデ属の仲間に多く見られます。このうち、マツ科、スギ科、ヒノキ科は、現在繁栄している被子植物が出現する前に栄えた裸子植物の仲間であり、種子を進化させた植物の中でも古い歴史を持っています。

●毛をもつ種子

　一方で、風を捉えるために毛を発達させた種子があります。これはヤナギ科の仲間に多く、フワフワと風に乗って漂うように飛びます。種子が小さく軽いため、わずかな風でもゆったりと滞空時間を稼ぎながら飛ぶことができるのです。これらの翼と毛は種子を包んでいる種皮や花柱（表面、子房、がく、がく片など）が変形したもので、飛ぶ原理は共通しますが、その形態は種類によって微妙に異なっています。

翼をもつミネカエデの果序

毛をもつミヤマヤナギの種子

ニセアカシアの種子とさや

● 風に乗るさまざまな手段

　面白いことに翼と毛を持たなくとも種子を飛ばす手段があります。マメ科のさやは、翼と同じような役割を果たすことがあります。ニセアカシアの種子は細長いさやについたまま風に乗って飛ばされます。シナノキは、種子と枝の境目にある「苞葉(ほうよう)」が翼状に発達しており、それがプロペラ状になって飛んでいきます。ケヤキの場合は、葉と枝のつけねについている種子がただ外れて落下するだけですが、枝ごと折れると葉が翼状になって飛ばされます。

● 風散布の物理学

　ところで、そもそも種子は風を利用して遠くに運ばせるために、どのような形態的特徴を身につけたのでしょうか。物理学的に言えば、種子の落下速度を遅らせるために、重力とは逆の鉛直方向に働く空気抵抗を高めることが、飛距離を伸ばす鍵となります。空気抵抗を高める方法には、種子の表面積を広くすることと、種子自体の重量を軽くすることの二通りがあります。物体が落下すると、やがて重力とその逆向きに働く空気抵抗がちょうど釣り合い、一定の速度で落下し始めます。この落下速度は空気抵抗が高いほど遅くなり、水平方向の横風に乗って移動する距離が伸びるのです。

　この原理をうまく使って、翼や毛などの器官がなくても、種子を飛ばすことに成功した植物もいます。ツツジ科のように微細種子を持つ仲間です。例えば、サイズの異なる同質の種子があったとします。小型のものほど、種子の重量に対して風を受ける表面積が広くなり、下から突き上げる空気抵抗が高くなるので、飛ぶことに有利になります。半径 r の球体の種子を例に具体的に考えてみることにしましょう。表面積 ($4\pi r^2$) を体積 ($4\pi r^3/3$) で割った値 $3/r$ が、この種子の単位重量当たりに配分された表面積です。この値は半径に反比例します。つまり、丸い種子の半径（直径）が2分の1になれば、単位重量当たりの表面積は2倍に増加します。1という単位の重量を飛ばすのに2倍の表面積（風を受ける面積）が利用できるのです。ツツジ科の多くは、微細種子の入った鞘が上向きに付き、鞘が裂けても種子がこぼれ落ちない構造をしています。鞘の中に風が入り込んで初めて種子が舞い上がります。微細種子に秘められた飛ぶための原理には驚かされます。

（高橋 一秋・高橋 香織）

さまざまなタネの散布手段

被食散布

　栄養豊富な種子は、動物にとって格好の餌です。そのため、植物は外敵から種子を守るために、その形態を進化させてきました。例えば、種子の中身を包む種皮を硬くすることや、極端に小型化や大型化させることは、捕食者に対する防御策です。一方で、動物に狙われる運命を逆手に取って、種子を運ばせる戦術を進化させた植物もいます。種子の周りに果肉（可食部）を発達させて動物を積極的に誘引し、種子を丸ごと飲み込ませて運ばせる果実の出現です。一般に、種子とそれを包む果肉のセットを果実と呼びます。

●果肉を与え、種子を守る

　果実ごと種子が動物に食べられて運ばれる種子散布を「被食散布」と呼びます。これらの果実の形態的特徴は、動物に食べさせる「果肉」と、食べられても消化されずに破壊もされない「種子」とが明瞭に分かれていることです。これこそが被食散布の進化を成功に導いた鍵といえるでしょう。

　しかし、種子を動物に食べさせるということは、それなりに危険が伴います。動物に食べられた種子は、胃や腸で消化液にさらされます。砂嚢を発達させた鳥類の場合には、すりつぶされてしまうこともあります。哺乳類の歯によって噛みくだかれてしまうおそれもあります。このような危険から種子を守るために、被食散布の種子は独自の特徴を進化させてきました。例えば、サクラ属の種子は、核と呼ばれる厚く固い殻で中身を守っています。アケビの種子は表面にぬめり気のある物質を発達させており、つるんと飲み込まれやすくなっています。また、サルナシのように種子を極端に小型化させて、噛みくだかれるリスクを軽減させるものもいます。

●動物とともに歩んだ進化

　このように進化してきた被食散布では、植物と動物の間でギブ＆テイクの関係が成り立っています。植物のテイクは種子を運んでもらうこと、動物にとってのテイクは果肉をもらえることです。両者に利益があるため、この関係は「相利共生関係」と呼ばれています。相利共生関係の起源は古く、裸子植物が繁栄した恐竜の時代に遡ります。この時代に、主に草食性恐竜と裸子植物の間で確立された関係なのです。現在の裸子植物の種子には風散布が多いのですが、仮種皮を果

イチイの実

肉に発達させたイチイやマキなどの祖先が、被食散布のパイオニアといえます。その後、恐竜が絶滅し、被子植物が繁栄する時代になると、被子植物の種子散布者は鳥類という新しいパートナーに受け継がれました。続いて哺乳類が登場すると、種子散布の担い手はさらに多様性を増し、果実の形態も現在のように多種多様に進化しました。

● 色や香りでアピールする

　被食散布の植物は、他の種子散布様式と比べ種類が豊富にあり、クワ科、モクレン科、バラ科、アケビ科、ミカン科、ブドウ科、グミ科、ツツジ科などの多くの科に見られます。これらの植物にとって、動物への報酬となる果肉は、種子の周りの器官を多様に変形させたものです。そして、その形態は動物の視覚と嗅覚に訴え果実の存在に気付かせるために派手な色彩と豊かな香りを発達させています。多様な色彩は、色覚が発達した鳥類と霊長類に対するアピールになっています。果肉の色は種類によってさまざま

ですが、特に黒と赤の占める割合が高い傾向があります。これは、鳥類にとって黒や赤は背景の葉の緑と重なるとコントラストを生じ、目立ちやすくなるからです。例えば、サクラ属やヤマグワの果実は緑、赤、黒の順で熟成し、動物に果実のある場所を知らせています。赤と黒などの二色でコントラストを強め、目立たせる戦略は、「二色表示効果」と呼ばれています。ミズキやヤブデマリはサクラ属と同じように果実の色を変化させますが、果実を支える枝（果実序）も同時に赤くなります。これも二色表示効果の一種です。一方、果実が熟すと豊かな香りを放ち、嗅覚の優れたタヌキやテンなどの食肉目の動物を誘引するタイプもあります。アケビやサルナシなどの果実がその仲間です。

　被食散布の植物が多い理由の一つに、種子散布者となる鳥類や哺乳類の種類が多いことが挙げられますが（p. 241）、これらの動物が種子を排出する方法はシンプルです。果肉と一緒に食べた種子を糞と一緒に排泄するか、口から吐き出すかのいずれかです。鳥類が口から種子を吐き出す場合は、1粒ずつ吐き出すか、またはペリットというかたまりで複数の種子を一気に吐き出します。サルは口の中で果汁だけを吸い取って吐き出す場合もあります。　　　（高橋 一秋・高橋 香織）

ツルウメモドキの実

さまざまなタネの散布手段

貯食散布

コナラ、ミズナラ、ブナなどのブナ科、オニグルミなどのクルミ科、トチノキ科は堅果を生産する植物です（p. 13）。その中には、いわゆるどんぐりと呼ばれる堅果も含まれます。これらの植物の種子散布は、齧歯目のアカネズミ、ヒメネズミ、リスや、カラス科のカケス、ホシガラスなどが担っています。動物が種子を運ぶ点では被食散布（p. 244）と共通しますが、その仕組みは全く異なります。明瞭な違いは種子自体が動物とっての餌となり、積極的に食べさせる「果肉」を持たない点です。では、どのような仕組みで種子散布を成功させるのでしょうか。

幹のすきまに貯食されたクリ

●餌をたくわえる動物たち

仮に動物が種子をその場で食べてしまえば、種子散布どころではありません。ところが、野ネズミやカケスは発見した食料の一部を餌が不足する時期に備えて、いったん別の場所に貯蔵しておく習性を持っています。この習性のおかげで堅果はその場から離れることができるのです。しかし、種子散布を成功させるためにはもう一つ重要な条件があります。当然ながら、種子が食べられないことです。堅果の貯蔵量が多くて食べきれなかった場合や、貯蔵場所をうっかり忘れてしまった場合に種子は食べられずに残り、種子は発芽のチャンスを得ることができます。この微妙なバランスの上に成り立っているのが「貯食散布」なのです。食べられてしまうかもしれない可能性と、運ばれてから生き残れるかもしれない可能性が、隣り合わせになったハイリスク・ハイリターンの戦略といえます。つまり貯食散布の種子にとって動物は、ありがたい種子散布者とやっかいな種子捕食者の両面を持ち合わせているのです。

堅果を被食散布の種子と比べてみると、その形状や色彩は地味であり、種子散布者に合わせた進化の形跡を強く感じさせることはありません。しかし、種子捕食者に対しては、種子の中身に防御物質（タンニンやサポニンなど）の成分を発達させたことに気づきます。野ネズミがコナラなどの防御物質を多量に摂取すると消化不良や健康障害を起こすことがあるため、種子の大量捕食を避けることができるのです。

●種子散布の成否

　貯食散布の堅果が種子散布に成功するかどうかは、林全体の堅果生産量と野ネズミの生息数に大きく左右されます。例えば、野ネズミが多過ぎれば堅果は食べ尽くされてしまいますが、逆に極端に少ない場合には堅果を運んでもらうことすらできません。野ネズミが有効な種子散布者になるかどうかは、このような両者の量的バランスが鍵となるのです。ブナ科は年によって種子生産量が大きく変動し、1 m^{2}の林床に400個程度の堅果が落下する豊作年から、数十個程度しか落下しない並作年、全く種子を生産しない凶作年まで見られます。豊作・凶作には周期があり、その間隔は種類によっても異なりますが、ブナでは5〜7年周期です。興味深いことに、この周期にほぼ同調して、野ネズミの生息数も変動します。豊作年の翌春は生息数が増えますが、凶作年が続くと生息数は減少します。凶作年が続いた後の豊作年には、野ネズミの生息数は最も少なくなっているため、種子は適度に運ばれ、食べ残されます。このように、豊作と凶作を繰り返すことによって、堅果は種子散布に成功しているのです。

●さまざまな貯食散布

　堅果以外の種子も貯食散布で運ばれます。進化的にも興味深いのが、ハイマツの種子です（p.270）。その種子は風を利用するために一度は翼を発達させましたが、その後、翼を退化させ、現在では種子自体をやや大型化させてホシガラスに運ばせています。これは進化のダイナミクスを感じさせる一例です。また、一般的に堅果のみが貯食散布で運ばれると考えられていますが、被食散布の形態を持つ小型の種子も野ネズミに運ばれる場合があります。筆者は8種類の被食散布の種子（シロダモ、アオツヅラフジ、ガマズミ、コマユミ、サルトリイバラ、ヤマウルシ、ヘクソカズラ、ムラサキシキブ）を対象に、野ネズミ（主にアカネズミ）が餌として利用するかを実験したことがあります。果肉を除去した種子と除去しない種子をカゴの中に入れ、クロマツ海岸林に置いたところ、果肉の有無にかかわらず、すべての種子が持ち去られました。最も小型のムラサキシキブの種子（直径約2 mm）でさえ、ちゃんと種皮が割られて中身がなくなっており、その食痕からこれらの種子が野ネズミの餌になっていることが分かりました。また、同じクロマツ海岸林で、被食散布のシロダモ（約10 mm）とカスミザクラ（約6 mm）の種子が1か所から束になって発芽しているのを観察したことがあります。これには野ネズミが種子散布に関与した可能性が高いようです。このように貯食散布は堅果に限らず被食散布の種子においても起こりうるものです。しかし、堅果と比べて栄養価の少ない小型の種子を動物が数多く貯蔵するのかどうかは十分に解明されていません。

（高橋 一秋・高橋 香織）

水散布

　水の流れとダイナミックな水循環は太陽熱エネルギーと重力の産物であり、太古から脈々と続く現象です。重力が水を下流へと押し流し、太陽熱エネルギーが再び水を上流域へと運びます。温められた水が水蒸気となって上昇し、冷却された水蒸気は雨や雪となって再び地上に降り注ぎ、水の流れを生みだすのです。

　水の力はすさまじく、時に巨大な岩をも押し流します。水にとって数グラムにも満たない種子を運ぶことなど、いとも簡単なことです。水に種子を運ばせる散布を「水散布」と呼びますが、特別な形態を種子は身につけなくても、水散布で運ばれる可能性は十分にあります。

●水散布の特殊性

　ここで簡単な思考実験を行ってみましょう。もし、種子の運搬を完全に水に依存している植物がいたとすると、植物はどうなるでしょうか。種子が下流方向へと流される一方で、子孫の新天地を上流には求められないことになってしまいます。つまり水散布だけに頼っていると、その植物の分布域が下流域へと徐々に縮小してしまうという予測が成り立つのです。水が流れ着く先の海抜０ｍよりも高い標高でしか生育できない植物にとっては致命的です。しかし、現実には、そのような兆候が見られる植物はいないと言ってよく、主に水散布で運ばれる種子であっても、水以外の運搬手段を持っているものと考えるのが自然です。

●淡水散布

　河川や池などの流れを利用して種子を運ぶ方法は「淡水散布」と呼ばれ、水辺の環境に生育する草本に多く見られます。一般に、水散布の種子は、水に浮かせるための空気層を種子の中に発達させています。"浮く"という特性は、水に種子を運ばせるうえで最も重要な特性です。浮いている時間を長くすれば、その分だけ種子を遠方へと運ばせることができるためです。水の流れが速い河川や洪水時には、種子が浮いていなくても距離を稼ぐことは容易ですが、流れが遅い川や沼などの止水域では、浮いていられる時間が種子の運搬距離を大きく左右します。

●二次散布

　陸地に生育する多くの樹木では水散布への依存度は必ずしも高くありません。しかし、補助的な散布手段になることがあります。オニグルミとトチノキの堅果は主に貯食散布で運ばれますが、それぞれ水に浮いて運ばれもします。オニグルミの種子は空気層を持っているため、またトチノキは種子を包む厚い果皮に浮力があるためです。また、ヤマフジやネムノキなどのマメ科にも空気層を持っている種子は多く見られます。マメ科の種子は鞘がねじれて裂けるときの勢いで弾かれて飛びます（これを自動散布と呼びま

さまざまなタネの散布手段

水散布種子
左：オニグルミの堅果断面。割ってみると、堅い殻（内果皮）に空気層があるのがわかる。中：マングローブの一種、メヒルギの実生。右：海岸に流れ着いたココヤシの実。

す）が、水にも運ばれます。他に、水に浮きやすい種子の仲間には水辺に生育するヤナギ科があります。それらの種子は風散布で運ばれるように毛を発達させているのが特徴です。毛を持つ種子は水面に働く表面張力によって浮き、水面を伝う風を受けて岸辺まで運ばれます。つまりヤナギ科の種子は、風と水の散布手段を組み合わせることによって、発芽と生育に適した岸辺などの環境にたどり着くことができるのです。このように、多くの植物は、水散布、貯食散布、自動散布、風散布、さらに被食散布といったいくつかの移動手段をリレーのようにつなぎ合わせることによって、種子を広範囲に、そしてさまざまな環境に運ぶことを可能にしています。このように、一度運ばれた種子が別の手段でまた運ばれることを、二次散布といいます。

● 海流に運ばれる種子

一方、ほぼ水散布だけに依存している樹木もいない訳ではありません。日本ではマングローブ林を形成するオヒルギやメヒルギなどが、その一種です。これらの種子は細長く、釣りの浮きのように水面から頭を出し垂直に浮いて、潮の満ち引きと潮の流れに乗って移動します。種子の下の先端は尖っているため、ゆっくり潮が引くと種子が岸辺の底に垂直に刺さり、漂着します。また「椰子の実」の歌で有名なココヤシのように、潮の流れに乗って運ばれる種子もあります。海流は、海面に風が当たったときの摩擦によって生じる場合と、海水の温度や濃度の分布にムラがある場合に発生しますが、植物にとっては長距離の種子散布を可能にする優れた移動手段の一つです。これを海流散布と呼びます。ココヤシは日本には自生していませんが、ハマボウやハマナツメは日本に自生する海浜植物で、海流散布です。　（高橋 一秋・高橋 香織）

さまざまなタネの散布手段

植物にとっての種子散布

　植物にとって種子散布とは、子孫を残すために必要不可欠な繁殖の過程です。植物は一生涯に、親木1個体あたり1個体以上の子孫を残すことができれば、今の個体数を減少させることなく、その種は存続できます。一見、その最低ラインをクリアすることはいとも簡単にできるように思えますが、実際のところは、そう簡単なことではないようです。植物は寿命が続く限り、ひたすら種子を生産し、ありとあらゆる手段を使って種子を散布しています。そして、ようやく個体数を維持し、願わくは分布の拡大を目指しているのが実際の姿です。

●種子散布の成功とは？

　それでは、種子散布に成功したかどうかは、どのように評価されるのでしょうか。一般的に、生態学では、繁殖可能な子孫をいかに多く残せたかによって繁殖の成功を評価しています。しかし樹木の場合、その寿命は長く、1本1本の樹木が生涯に残した子孫の数を正確に把握することはほぼ不可能です。そこで樹木や森林を対象とした研究では、散布された種子の発芽率や芽生えた実生の生存率、あるいはその成長量が高いほど、有効な種子散布だと判断しています。

　次に、種子散布の有効性について親木を離れた種子がたどる運命に沿って考えてみることにしましょう。樹木の生活史の中で最も生存率が低いのは、散布後の種子と実生の段階です。樹木にとって子孫をたくさん残すことは簡単なことではなく、1本の樹木から生まれた子孫のうち繁殖可能な成木になれるのはごく一部です。例えば、被食散布の場合、種子と実生の生存率に影響を与える要因には、種子が動物に排泄された状態、散布された種子の密度や場所、親からの距離などがあります。また、動物の歯や砂嚢で種子が破砕されたかどうかや、消化管を通過した後の種子の状態は、その後の種子の発芽率に影響します。面白いことに、動物の消化管を通過し、果肉が剥がされた種子は発芽率が高くなる傾向があります。それは果肉や種子の周りには発芽を阻害する物質が含まれているためだと考えられています。

●兄弟間の競争を避ける

　順調に種子が運ばれたとしても、同じ場所に同じ種類の種子が散布され、実生の発生が集中してしまうと、どうなるでしょう。光や栄養分などの資源をめぐる競争が激しくなってしまいます。その極端な例は、種子が散布されずに、樹木の真下に落下した場合です。種子散布によってさまざまな場所に少しずつ種子が分散されることは、同じ親木由来の子どうしの競争を緩和させることにつながるのです。この仮説は「兄弟間相互作用仮説」と呼ばれ、「なぜ植物は子孫を残すために種子を散布する必要があるのか」を説明する仮説の一つです。同じような状況

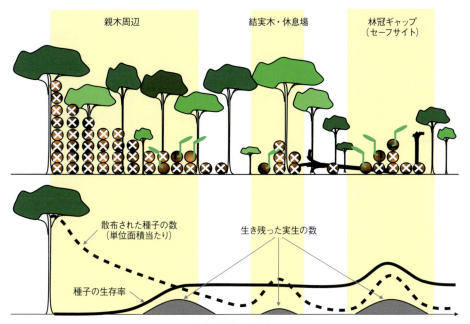

種子散布の意義

上図の●は散布された種子の量、❌は発芽できなかった量を示す。散布者の餌場となる結実木や休息場、林冠ギャップにはしばしば種子が多く散布されることがわかる。下図の■部分が生き残った種子や実生の密度が高くなる場所である。

は、鳥類や哺乳類がまとめて種子を排泄する場合や、野ネズミが1か所に堅果を貯蔵する場合にも起こりうることです。一つの糞に含まれる種子は、鳥類の場合、多くても数十粒程度ですが、ツキノワグマのような大型哺乳類だと、1,000粒を超える場合もあります。しかし、一つの糞の中に含まれる種子がまとまって散布されることの不利益について、明確に検証した例はほとんどありません。

●**害虫や病気を避ける**

親木から種子がどのくらい離れたかを示す「散布距離」は、その後の生存率を左右する重要な要因です。熱帯雨林や温帯林では、親木から運ばれずに落下した種子や、親木周辺に散布された種子の生存率は著しく低く、その実生の生存率や成長量も低い値を示すことが多いのです。これは、親木周辺に種子や実生が高密度で集中していると、それを狙う捕食者に発見されたり、菌類に感染されやすくなるためです。また、同じ種類の種子や実生を専門的に狙う種特異的な菌類や捕食者が関与することもあります。このような場合、親木からある程度離れたほうが生存率は高くなります。

この仮説は「空間的逃避仮説」と呼ばれています。同時に、この仮説は熱帯雨林のような種多様性の高い森林を成立さ

せる条件になると考えられています。つまり、多くの種類の樹木にこの仮説が当てはまると考えると、親木周辺では他の種類の樹木のほうが定着しやすいことになり、ある場所を一つの種類の樹木が独占しにくくなるため、熱帯雨林の種多様性が説明できるのです。

● 有利な場所に到達する

　種子が最終的に到達した場所は、種子の発芽とその後の実生の成長に大きく影響します。その後の定着に適した場所は「セーフサイト」と呼ばれています。よって植物にとってセーフサイトに種子を送り込めるかどうかは、種子散布を成功させる第一歩です。森林の重要なセーフサイトの一つに、一部の高木が倒れて林床が明るくなった「林冠ギャップ」があります。光環境が良好な林冠ギャップでは、実生の生存率と成長量が高まることが多いのです。森林では種子が林冠ギャップに運ばれるかどうかが、種子散布の有効性を決める鍵となりえます。

　鳥類や野ネズミは林冠ギャップに指向的に種子を運ぶことがあります。鳥類の場合は、新しい林冠ギャップに種子を運ぶことは少なく、低木が果実を生産し始める古い林冠ギャップに多くの種子を運び込む傾向があります。これは鳥類が果実を食べに来たときに種子を排泄する傾向があるためです。野ネズミでも、植生構造が発達した古い林冠ギャップで活動が活発になるため、古い林冠ギャップに種子が運び込まれる例が多いようです。このように、セーフサイトに動物が種子を運び込むことの有利性を示した仮説は「指向性散布仮説」と呼ばれます。

　植物は、セーフサイトがいつどこで発生するかを予測することはできません。そのような状況で、どのように種子を散布すれば、セーフサイトに到着する可能性を高めることができるのでしょうか。種子がセーフサイトに到達する可能性は、散布される範囲が広くなるほど高く、また散布距離が伸びるほど高くなるのでしょうか。種子散布の重要性を説明する仮説の一つである「移住仮説」は、種子を遠くまで広範囲に散布すれば、セーフサイトにたどり着く可能性も高くなると主張します。もしセーフサイトがランダムに近い状態で発生すると仮定すれば、一定の面積当たりにセーフサイトが生じる確率は親木からの距離に関係なく一様です。したがって、1粒の種子、つまり子の視点からみると、遠くに運ばれたからといって、セーフサイトに到達する確率が高くなる訳ではありません。ところが、親の視点に立って、複数の種子を広範囲に散布する状況を想定してみると、複数のセーフサイトに種子を送り込むことが可能になるのです。つまり大量生産した種子を広範囲に分散させる種子散布戦略は、分布の拡大に有効であるばかりでなく、セーフサイトへの遭遇率を高める効果もあるといえます。

（高橋　一秋・高橋　香織）

果実・種子の生産量の調べ方

　生物の繁殖戦略を理解するうえで、生産する子の数は重要な要素です。植物では1個体が生産する種子の数（種子生産量）がそれに相当します。しかし、多くの場合、外見的に直接数えることができるのは1個体が生産する果実の数（果実生産量）です。1粒の果実の中に1粒の種子が入っている種類もあれば、複数の種子が入っている種類もあります。後者の場合、種子生産量は、果実生産量と果実1粒に入っている種子の数を掛け合わせて求めます。

● 数えるときは下から上へ

　果実生産量（果実数）の求め方を二つ紹介しましょう。一つは、果実を直接数える方法です。背丈が低く観察しやすい低木や、果実が大きく果実生産量の少ない高木で有効な方法です。低木の場合、果実を枝ごとたぐり寄せれば、カウンターを使って丹念に数えることができます。根気のいる作業ですが、精度はかなり高いといえます。数え方のコツは、幹の下の枝から順に上に向かって数えることです。下の枝から数え始め、枝分かれしたら必ず右枝から数え、数え終わったら元の分岐まで戻り、一つ上の枝を数えます。これを繰り返して行けば、どんなに枝の構造が複雑であっても、カウント漏れやダブルカウントを最小限に抑えられます。例えば、低木の中でも果実生産量が多いほうのムラサキシキブは、1本当たり1万個を超える果実をつけることもありますが、この方法を使えば数えられないことはありません。

　一方、ホオノキやトチノキのように背丈の高い高木の場合は、双眼鏡やフィールドスコープを使うと数えることができます。しかし、低木の場合と比べると精度は極端に下がります。ズミのように房状になる果実は、一方向から見ると果実どうしが重なってしまい、正確なカウントが難しくなります。また、カスミザクラのように果実が疎らについていても、葉が果実を隠してしまうこともあります。コナラやミズナラのように葉よりも上の位置に果実をつける樹木も案外と多く、下からの観察だと果実が見づらいです。果実を正確に数えるためには、果実

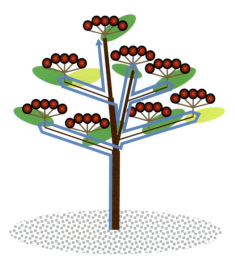

果実の数え方
下の枝から上に向かって順番に数える。枝分かれしたら必ず右枝から数え、数え終わったら元の分岐まで戻る。

さまざまなタネの散布手段

ズミの果実は房になっていて数えにくい

どうしの重なりや葉との重なりで見えない部分を、いくつかの方向から観察する必要があります。

● まとまりで数えて概算する

大型の樹木で果実生産量が多い場合は、1本の枝など、まとまりのある単位を決め、その掛け算から全体の果実生産量を求める方法が用いられます。ひとまとまりの単位が1本の樹木に何個あるかを数え、その値に1単位当たりの果実数を掛け合わせれば、果実生産量（数）が求められます。果実が房状になるナナカマドやミズキのような場合は、ひとまとまりの単位を果序にする場合もあります。これらの方法の誤差は大きいのですが、ある林で種類ごとの果実生産量を大雑把に推定する場合などは有効です。

● 落ちた果実から推定する

もう一つの方法は、林床に落下する果実の数を調べて、1本の樹木の果実生産量を推定する方法です。この方法では、落下してくる果実を林床で受け止める「種子トラップ」を使います。種子トラップを樹木の葉がある部分（樹冠）の真下にいくつか配置し、1トラップ当たりに落下する果実の数から単位面積当たりの値を求め、それと樹冠面積を掛け合わせれば、果実生産量を推定することができます。この方法は、コナラやミズナラのように果実の大半が樹冠の下やその周辺に落下する樹木に適しています。

一方、風散布や被食散布の樹木の果実生産量を種子トラップ法を使って推定することは難しくなります。樹木の真下にトラップを配置しても、その樹木の大半の種子が風や動物によって他の場所に運ばれてしまい、一部の種子しかその真下に落下しないためです。さらにやっかいなことに、他の場所から、その樹木の下に運ばれて来る種子もあります。したがって、1本の樹木に的を絞って果実生産量を求めることはほとんど無理です。

通常、トラップで果実生産量を求める場合は、1本の樹木に的を絞るのではな

種子トラップ

種子トラップに落下したミズナラの種子

クリの実を食べに来たツキノワグマ

く、ある範囲の林全体で推定することが多いのです。その場合は、もう少し大掛かりな調査と計算が必要です。果実生産量を求めたい範囲に種子トラップを一定の間隔で多数配置し、林全体の果実生産量を推定する方法です。それぞれのトラップの中には果実（自然落下）、果肉のない種子（被食散布）、種子が割られた破片（果実食や種子食の動物の食べカス）などが落下してきます。これらのデータを基に単位面積当たりの落下密度を計算し、さらに落下種子の分布の偏りを考慮して林全体の面積に換算すれば、林全体のおおよその果実生産量が求められます。

● 種子トラップ法の弱点

しかし、この方法には欠点があります。例えば、移動能力の高い鳥類が種子を運ぶ場合、離れた林から持ち込まれることもあれば、逆に林から持ち去られてしまう場合もあります。また、被食散布の種子は風散布に比べ、種子が集中する場所としない場所の差が大きく、トラップの設置場所によっては過大評価にも過小評価にもなりえます。一方で、貯食散布の堅果の場合、リスやカケスが樹上から持ち去った分は、その後トラップで回収されることはまずありません。同じように、テンやツキノワグマなどの哺乳類は樹上に登って果実を食べ、地上に降りてから種子を糞と一緒に排泄する場合が多いので、トラップの落下物の中に彼らの種子が含まることはありません。このように、種子トラップ法でも推定誤差は避けられませんが、トラップの設置数を増やしたり、動物の生息密度や糞の情報を同時に集めれば、精度を高めることが可能です。落下物から種子を仕分ける作業は大変で労力を要しますが、トレーニングを積めば誰でもできる簡便な方法です。複数の森林で同時に種子生産量を調べる場合や、長期的な変動を定量的にモニタリング（監視）するような場合に威力を発揮します。

いずれにしても、それぞれの方法の利点と欠点をよく理解し、目的に合った方法を選択することを勧めます。

（高橋 一秋・高橋 香織）

果実持ち去り量の調べ方

　被食散布と貯食散布による種子散布は、すべてが動物次第です。種子生産が十分であっても、ほとんど運ばれずに自然に落下してしまう場合もあれば、たくさん運ばれる場合もあります。動物が種子を運ぶ量は、動物の生息密度や林全体の結実状況、果実への嗜好性やその時の偶発的な行動に大きく左右されます。物理的な動力を利用する風散布や水散布とは決定的に違う点です。

　したがって、被食散布と貯食散布では、動物が樹木から果実を持ち去ることにどのくらい貢献したのかを評価することがとても重要な意味を持ってきます。その貢献度は、多くの場合、1本の樹木から動物が食べて持ち去った「果実持ち去り数（量）」で評価します。1本の樹木が生産した総果実数のうち、何割の果実が持ち去られたのかを示す「果実持ち去り率」を用いる場合もあります。この果実持ち去り数（量）と率は、種子散布への貢献度を示すものですが、動物の視点に立てば、動物が選んだ果実の魅力度を示す指標とも考えることができます。ここでは鳥類の果実持ち去り量を推定する方法を紹介します。

●袋掛け法

　通常、鳥類が1本の樹木に訪れ果実を食べる期間は数か月と長く、その間に樹上の果実も徐々に落下します。よって、鳥類が持ち去る果実の数や自然に落下する果実の数を直接観察で把握することは困難です。最も簡便な方法は「袋掛け法」です。果実がついている枝に袋を「かぶせた場合」と「かぶせなかった場合」で果実のなくなり具合を比較し、果実の持ち去り数を推定する方法です。

　具体的には次の順序で調査を行います。①比較する枝の果実数が同数になるように調整し、片方の枝には袋を被せます。②調査終了時に、「袋あり」の枝から外れた果実が袋の底に溜まっているので、それを数えます。この値が自然状態で落下した果実数です。③「袋なし」の枝の果実を、調査の開始時と終了時に数え、その差を求めます。この値は、調査期間中に鳥類が持ち去った果実数と自然落下の果実数の合計です。④ ③で求めた値から②で求めた値（自然落下の果実

ニワトコでの袋掛け調査
寒冷紗で作った袋の中に円形の針金を入れて、風が吹いても果実が寒冷紗でこすれないようにしている。

数）を引けば、果実持ち去り数（量）が求められます。⑤比較する枝の果実数が異なっている場合は、落下果実数の推定にやや複雑な計算が必要です。「袋あり」の枝から求めた落下果実数から、その枝の果実数総数に対する落下果実数の割合を求めます。その割合と、「袋なし」の枝の果実数（調査開始時）を掛け合わせれば、「袋なし」の枝の落下果実数が推定できます。

●袋掛け法の注意点

袋掛け法は簡便な方法であるため、果実の持ち去り量を複数の樹木やさまざまな環境で一斉に調査する場合には、便利な方法です。しかし、樹木の一部の枝しか観察していないので、1本の樹木全体から実際に持ち去られた果実数とのズレが生じてしまうことがあります。この影響をなるべく抑えるためには、調査する枝を選ぶ際にひと工夫が必要です。第一に、鳥類は1本の樹木の果実をまんべんなく食べるのではなく、高い位置の果実から食べていく傾向があるので、なるべく高い位置の枝を調査対象に選ぶことです。次に、強い風が吹き抜ける環境を避けることです。袋全体が強風で揺さぶられると、自然落下の果実数を過大評価してしまうおそれがあるからです。

●種子トラップ法

一方、大型の種子トラップを使うと、袋掛け法よりも高い精度で果実持ち去り量を推定することができます。この方法の特徴は、樹冠面積よりも広い種子トラップを1本の樹木の下に設置し、その樹冠から自然状態で落下してくる果実をすべて集めてしまう点です。果実持ち去り量は、調査の開始時と終了時の樹上の果実数の差の値から、さらに調査終了時の自然落下の果実数を差し引くことで求め

ガマズミの枝に設置した袋
袋を掛けた枝と掛けていない枝で、果実のなくなり具合を比較する。比較する枝につく果実数が同数になるように調整する。

大型種子トラップ

さまざまなタネの散布手段

られます。筆者はクロマツ海岸林で被食散布の低木（ムラサキシキブ、シロダモ、ガマズミ、コマユミ、ヤマウルシ）とツル植物（アオツヅラフジ、サルトリイバラ、ヘクソカズラ、スイカズラ）の下に種子トラップを設置し、果実持ち去り数と率を調べたことがあります。その結果、果実持ち去り数の平均値（10本の平均）が最も高かったのはムラサキシキブの3465個（84％）で、最も低かったヤマウルシは126個（37％）でした。この方法は袋掛け法に比べ手間と労力がかかりますが、1本の果実持ち去り量を正確に推定できる点が優れています。

紹介した袋掛け法と種子トラップ法は、両者とも低木の調査には向いています。高木でも、枝にかぶせる袋と種子トラップを大型化させれば、理屈としてはできないことはありませんが、高い精度はあまり期待できないでしょう。精度を

ミヤマガマズミの果実を食べに来たトラツグミ

上げるためには、袋掛け法では、1本の樹木で複数の袋掛け調査を行って枝ごとのデータのバラツキを拾い上げることが必要です。種子トラップ法では、樹木1本当たりの果実数の推定を丹念に行わなくてはなりません（p.253）。

（高橋 一秋・高橋 香織）

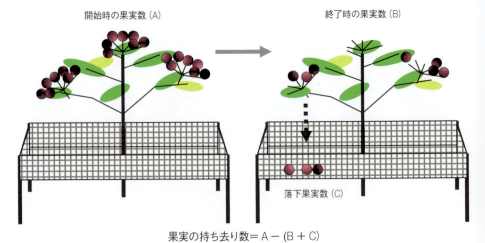

大型種子トラップによる果実持ち去り数の推定
目的とする樹木もしくは枝の下にトラップを置くことで確実な持ち去り量がわかる。

種子の散布量と分布の調べ方
（種子トラップ法）

　種子は、風、水、動物などの力を借りて移動し、いずれはどこかの場所に到着します。親木のすぐそばに落下してしまう種子もあれば、遠くまで運ばれる種子もあります。最終的に、1本の樹木（親木）から旅立った種子は、林のさまざまな場所に、さまざまな密度で散らばります。実際の林では、それぞれの親木から出発した種子が幾重にも重なり、林床に到着します。その結果、林内のそれぞれの場所には、親木の異なる多様な種子がたどり着きます。それらの種子を単位面積当たりの数で表したのが「種子散布量」です。

●シードシャドー

　林内の1本の樹木に注目し、その樹木に由来する種子散布量の空間的な分布を「シードシャドー」と呼んでいます。これは、種子が1本の樹木からどのくらいの範囲にどのくらいの密度で散布されたかを示すものです。一般に、シードシャドーは、散布の担い手が何であれ、親木の周辺に多くの種子が落下し、親木から離れるに連れて少なくなる傾向を示します。中でも、風散布のシードシャドーは、親木から徐々に種子散布量が減少するきれいなラインを描きます。ただし、風の吹き溜まりに種子が集中する場合もあります。一方で、被食散布のシードシャドーは、動物が種子をよく排泄する場所があるので、所々に種子の集中が見られるのが特徴です。

　シードシャドーを調べるときには、種子トラップ（p. 266）を用いるのが主流です。その場合、調査対象とする樹木の周辺に、複数の種子トラップを一定の間隔で設置し、それぞれの場所での種子散布量を求めます。もし調査対象の樹木と同じ種類の親木がその周辺になければ、トラップの落下物から種子散布量の推定は容易にできます。しかし、やっかいなことに、同じ種類の親木がある場合には、調査対象木以外の種子もトラップの中に落下してくるので、そう簡単にはいきません。この問題を、最近では、遺伝子情報を使って克服しています。落下種子の遺伝子を解析すると、どの親木から来た種子かが判別できるのです。ただし、その周辺で親候補となる樹木の遺伝子をすべて調べておかなければならないので、まだ一般的で簡便な方法とはいえません。

●シードレイン

　森林の研究を進めるうえでは、必ずしも樹木1本ごとのシードシャドーを求める必要がない場合も多くあります。例えば、森林が成立してきた過程や、今後どのような種類の樹木が侵入してくるのかを予測するためには、親木の由来はともかく林全体に供給される種子散布量を把握することがとても重要です。森林のどのような場所にどの種類の種子がどのくらいの量で落下しているかの情報を把握

すれば、とりあえずこと足りる場合が多いのです。どの親木かを特定しない、種子散布量の空間分布は「シードレイン」と呼ばれています。茨城県北部の小川学術参考林（古い広葉樹林）では、1.2 haの調査地に円形の種子トラップ（開口部：0.5 m²）を10 m間隔で設置し、シードレインを1987年より長期にわたり継続調査しています。その結果、林全体の種子散布量は、空間的にも、季節的にも、また年によっても大きく変動することが分かってきました。多数の種子トラップを一定の間隔で設置する方法は、森林のさまざまな環境（林冠ギャップの中、林冠ギャップと林との縁、種類の違う樹木の下など）への種子散布量を簡便に調べることができるので、シードレインを推定する有効な方法です。

● 種子トラップ法の利点

　この種子トラップ法を用いると、種子が運ばれやすい場所や運ばれにくい場所など（草原、林縁、林内など、あるいは樹木の種類の違い）、森林の成り立ちを予測する際に重要な情報が得られます。筆者は、異なる種類の樹木の下に種子トラップを設置し、その種子散布量が樹木の種類によってどのように変化するかを調べたことがあります。高速道路のり面の植栽木（ソメイヨシノ・ナナカマド・クロマツ）とススキ草地を対象に、落下してくる種子を調べた結果、鳥類が運び込む種子は、ソメイヨシノやナナカマドのように、被食散布の果実をつける樹木の下に集中することが分かりました。このように、鳥類を介した種子の誘引効果が結実木で高くなる傾向は、世界各地で報告されています。

さまざまなタネの散布手段

シードレインを調べる種子トラップの配置

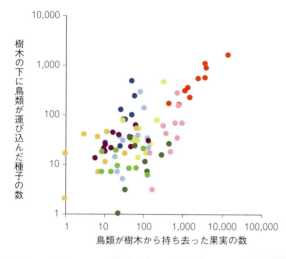

果実の持ち去りと種子落下の関係
鳥は樹木から果実を持ち去ると同時に、そこへ糞やペリットなどを落として種子を持ち込んでいることがわかる。

● : ムラサキシキブ　● : シロダモ
● : アオツヅラフジ　● : ガマズミ
● : ヘクソカズラ　　● : スイカズラ
● : サルトリイバラ　● : ヤマウルシ
● : コマユミ

種子トラップに落下した鳥のペリット
ノイバラと種子と果肉が見える。

被食散布の果実 (新潟県・クロマツ海岸林)
①がムラサキシキブの果実。筆者らの研究では、ムラサキシキブの果実が鳥類に一番好まれた。その他の果実は、②：ヒヨドリジョウゴ、③：ヤブコウジ、④：アオツヅラフジ、⑤：スイカズラ、⑥：コマユミ、⑦：ガマズミ、⑧：ヤブラン、⑨：ネズミモチ、⑩：シロダモ、⑪：アマドコロ、⑫：ヘクソカズラ、⑬：ヤマウルシ、⑭：ノイバラ。

また、筆者はクロマツ海岸林で被食散布の低木（ムラサキシキブ、シロダモ、ガマズミ、コマユミ、ヤマウルシ）とツル植物（アオツヅラフジ、サルトリイバラ、ヘクソカズラ、スイカズラ）の下に種子トラップを設置し、樹木からの果実持ち去り量とその樹木の下への種子散布量（数と種類）との関係を調べたことがあります。この調査から、果実持ち去り量が多いと、種子散布量も多くなることが明らかになりました。つまり鳥類が果実を食べに来れば来るほど、その下に種類豊富な種子が供給されるのです。ちなみに、この調査で種子の誘引効果が最も高かった樹木はムラサキシキブでした。

（高橋 一秋・高橋 香織）

さまざまなタネの散布手段

種子の散布量と分布の調べ方
（直接追跡する方法）

　種子トラップ法（p.259）は種子散布量の推定にとって便利な方法ですが、すべての散布様式（風散布、被食散布、貯食散布、水散布）に通用する訳ではありません。例えば、動物が種子を運んでも、トラップでは回収できない場合もあります。テン、タヌキ、サル、ツキノワグマが樹木に登って果実を食べることはあっても、樹上で糞をすることは稀です。樹木に登れないアナグマ、キツネは林床に落下した果実のみを食べ、地上で種子を排泄します。また、リスやカケスは樹上から持ち去った種子を、土の中や木の洞などに種子を埋め込みます。このように、動物が被食散布（p.244）や貯食散布（p.246）によって種子が運ばれたとしても、そのシードシャドーやシードレイン（p.259）を把握することは難しいのです。

● 複雑な種子の移動

　さらに、実際の自然界では、複雑な種子の移動が起こる場合があります。例えば、被食散布で運ばれた種子が、その後に野ネズミの貯食散布によって運ばれる場合もあるのです。このように、一度運ばれた種子が別の手段で引き続き運ばれることを二次散布と呼びます。一次散布でミズキの果実が自然に落下し、その後、二次散布でツキノワグマがその果実を食べて種子を運び、さらに三次散布でその糞中の種子をアカネズミが運ぶ、といった具合です。種子散布の様式は、風散布、被食散布、貯食散布、水散布と大別されているが、多様な組み合わせの種子散布リレーによって、実際はもっと複雑で想像を超えて移動することがあります。このような場合、種子の追跡はほとんどお手上げ状態です。したがって、トラップ法で種子のゆくえを追跡できるのは、風が運んだ種子や、樹上棲の鳥類が運んだ種子、動物が運ばずに樹冠の真下に落下した種子に限定されます。

● 種子に目印をつける

　トラップ法が通用しない場面では、直接種子を追跡するしかありません。その方法は、アカネズミやヒメネズミなどの野ネズミによる貯食散布のみで確立されています。堅果は大型なので、目印をつけて追跡することが可能です。マジックなどで種子に番号を書いて、樹木の下に置いておき、運ばせるのです。その場合、野ネズミ以外の動物に種子を運ばせないために、野ネズミがぎりぎり通過できるメッシュの金網をカゴなどに被せて、その中に種子を入れておきます。春になってから林の中を歩いて実生を探し、その根元を見れば、種子がほぼ原型を留めているので、記入した番号が確認できます。

　その種子を置いた場所から距離と方向を調べれば、種子の空間的な分布が把握できます。しかし、この方法だと、何らかの理由で発芽できなかった種子の場所は特定できません。散布後に食べられてしまった種子や、深く埋められて発芽できなかった種子、あるいは腐ってしまっ

さまざまなタネの散布手段

アカネズミが貯食した磁石つきのコナラ堅果
どんぐりは発芽を始めており、追跡用に装着された磁石が端に見える。

金属探知機による調査のようす
先端（地面の部分）に磁気センサーがあり、磁石をつけた種子の場所を探すことができる。

た種子は行方知れずのままです。実生を追っただけでは、正確なシードレインを求めたことにはならないのです。

● 金属探知機の活用

この問題を克服して、徹底的に種子を追跡する方法があります。あらかじめ磁石を種子の中に埋め込んでおき、野ネズミに運ばせてから金属探知機を使って場所を特定する方法です。大型の堅果だからこそ、なせる業です。金属探知機の性能にもよりますが、深さ30 cmほどに埋められた種子でも発見することができます。この方法であれば、地中の垂直分布も含めて種子の行き先が正確に把握できます。ただし、ひたすら根気のいる調査をこなさなくてはなりません。

筆者は、磁石を装着したコナラ堅果をアカネズミに運ばせて、シードレインを調べたことがあります。1,800個の磁石付き堅果をカラマツ伐採跡地と落葉広葉樹林の境界部に置いて、晩秋から冬にかけて野ネズミに運ばせました。翌春、金属探知機を左右に振りながら1.8 haの調査範囲をくまなく歩いて、1,614個（89.7％）の磁石つき堅果を回収できました。その結果、伐採跡地と林内のどちらでも、堅果は倒木や枯れ枝の下、切り株の周辺に運ばれやすいことが分かりました。また、これまでの研究報告と同様に、野ネズミの貯蔵には多数の種子を1か所に貯える集中貯蔵と、1～2粒の種子を少数貯える分散貯蔵があることが確認できました。集中貯蔵は、切り株に沿った地中や斜面が崩壊して内部に空間ができている場所で多く観察され、貯蔵されていた堅果の数は最大で60個程度でした。

（高橋 一秋・高橋 香織）

散布距離の調べ方

　種子の散布距離とは、親木から種子が運ばれて到達した場所までの距離のことです。種子の運び手が風と鳥類の場合には、親木の周りに一定の間隔で種子トラップを配置し、その中の落下種子を調べれば、おおよその散布距離が求められます。一般的には、種子トラップから一番近い結実木を親木とみなし、散布距離を求めます。しかし実際の親木はその結実木よりも遠方にあるかもしれないので、過小評価になる場合が多いのです。最近では、種子の遺伝子を調べて、親木を特定して正確な散布距離を推定する方法も開発されています。

　また、驚くことに、被食散布で運ばれた種子に付着している糞の遺伝子を調べて、種子散布者の種類を特定する方法の開発も進んでいます。一方、トラップを使わず、芽生えたばかりの実生の遺伝子型を調べ、親木を特定する方法も確立されています。ただし、実生から推定する場合は、風か鳥類が運んだ種子なのか、自然落下で落下した種子なのか、二次散布で運ばれた種子なのかなど、種子が運ばれた手段については特定できないという欠点もあります。

●風散布種子の散布距離

　風散布の散布距離は、種子の形態によって大きく異なります。一般に、カエデ属のような大型種子よりもヤナギ属のような小さくて軽い種子ほど、遠くまで飛ばされます。茨城県北部の小川学術参考林（古い広葉樹林）での調査結果によると、種子の散布距離はミズメで100 m程度、イタヤカエデで数十 m程度でした。散布距離は風速に比例し、種子の落下速度と重さに反比例するという関係が成り立ちます。よって、散布距離を伸ばすためには、種子が落下する速度を遅くし、滞空時間を稼ぐことが必要です（p. 243）。種子の生産量を多くし、遠方まで運ばれる確率を増やすことも有効でしょう。また、背丈（樹高）を高くすることでも散布距離を伸ばすことができます。

●被食散布種子の散布距離

　被食散布の散布距離は、種子トラップを使用しないで求める場合もあります。直接観察です。被食散布の場合、動物が林の中を縦横無尽に動き回る軌跡が種子の移動距離になる訳ですが、実際の散布距離は動物が果実を食べた位置と種子を排泄した位置を直線で結んだ距離です。昼間に活動するサルなどの大型哺乳類では、目視の追跡によって動物の移動と種子の排泄が観察できるので、おおよその散布距離が求められます。屋久島のヤクザルの例では、100 m程度だと報告されています。一方、直接観察が難しい場合には、ある動物が種子を食べ排泄するまでの平均的な時間と、その動物の平均的な移動速度を掛け合わせれば、散布距離が算出できます。例えば、ある動物の体内に種子が滞留する平均的な時間は、実

さまざまなタネの散布手段

際に果実を食べさせる飼育実験によって測定できます。また、その動物が野外で移動する平均的な速度は、直接観察するか、ラジオテレメトリー法やGPS（全地球測位システム）を用いたGPSテレメトリー法による追跡調査で居場所を推定することで求められます。これらの方法では、捕獲した動物に小型の発信機やGPSを装着して放ち、その後の移動を携帯型の受信機や人工衛星で追跡します。

ラジオテレメトリー法で求められた散布距離は、鳥類の場合で数m～数百m程度です。ただし、大半は親木から約30mの範囲に散布され、ごく稀ではありますが、移動速度の速い鳥や渡り鳥に運ばれると、散布距離は数km～数十kmまで伸びることもあります。これまでラジオテレメトリー法は、主に鳥類の散布距離の推定に用いられてきましたが、最近では、ツキノワグマなどの哺乳類でGPSテレメトリー法による調査が行われています。

テン、タヌキ、ツキノワグマなど、種子トラップを用いた散布距離の推定が困難で、かつ夜行性の哺乳類では、ラジオテレメトリー法やGPSテレメトリ法が威力を発揮します。特に、GPSテレメトリ法によって動物の位置情報や行動圏を詳しく把握できるようになってきましたが、散布距離の実証的な情報は未だに多いとはいえません。

● 貯食散布種子の散布距離

貯食散布の散布距離は、種子に目印や磁石を装着して追跡する方法が一般的です（p.262）。筆者が磁石を装着した種子（コナラ、ミズナラ、クリ、オニグルミ）をアカネズミに運ばせて散布距離を調べたところ、大半の種子は20m範囲に運ばれており、最大でも70m程度でした。他の研究でも、野ネズミによる散布距離は最大でも100m程度だと報告されています。カケスが堅果を運搬する場合は、直接観察で散布距離が推定されており、約500m～1000m程度だといわれています。

植物にとって種子を遠方に散布することは、分布の拡大や他の樹木との遺伝子交流、さらに孤立した場所での森林再生などの場面で重要な意味を持っています。しかし、長距離散布の頻度は低いため、少数の種子がたまたま遠方まで散布されるのを追跡して散布距離の最大値を推定することは、既存の方法では極めて困難です。

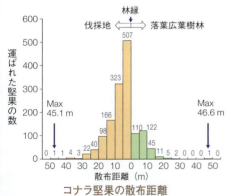

コナラ堅果の散布距離

林縁（0m）に落ちた種子は、落葉広葉樹林（林内）と伐採地（開放地）の両方へ散布されるが、より多くが伐採地へ散布されることがわかる。

（高橋 一秋・高橋 香織）

種子トラップの作成法

　種子トラップとは、林床に落下してくる種子を集める道具です。一般的に、開口部 0.5 m² 程度の円形の種子トラップが多く使われます。これは比較的丈夫で使いやすいのですが、円形に加工するため工作が難しく、材料費もかさみます。ここでは比較的安価で簡単に作れる四角形の種子トラップ（開口部 1.5 m²）の作成法を紹介します。作製手順は次の通りです。

●材料と作り方

①種子トラップ1個に必要な材料を用意します。0.86 mm メッシュの寒冷紗（180 cm×150 cm）1枚、農業用もしくは園芸用の支柱（直径 16 mm、長さ 120 cm）4本、荷造りテープ（タフロンテープなど）を 30 cm と 150 cm それぞれ4本ずつです。寒冷紗は 182 cm 幅のものがメーター売りされているので、150 cm×個数分の長さで購入すればよいでしょう。支柱は表面にゴツゴツとした滑り止めがついていて、片方の先端が尖っているものを勧めます。材料費は1個当たり1000円程度です。

②使用する道具は、ステープル（ホッチキスなど）と木槌です。ホッチキスは寒冷紗を支柱に固定するときに使い、木槌は支柱を打ちつけるときに使います。

③初めに、トラップの網を作ります。寒冷紗の4つの辺を 15 cm の幅で 90 度に折り、縦 150 cm×横 100 cm×深さ 15 cm の箱型にします。四隅の寒冷紗が重なり合う部分は、三角形に畳んでおきます。

④四隅の三角形の部分を支柱に巻きつけて、ホッチキスでしっかりと留めます。

⑤三角形の1か所の網目を広げて 15 cm のタフロンテープを通し、支柱に仮止めをしておきます。残りの3本の支柱も同様に固定します。ここまでが下準備です。

●設置と注意点

⑥いよいよ、現地で種子トラップを設置します。まず1本目の支柱を木槌で打ちつけます。

⑦次に、2本目の支柱は打ちつけるのですが、その位置決めが重要です。寒冷

円形種子トラップ
開口部が 0.5 m² のもので、数多く設置するときによく使う。

種子トラップを設置する

紗が長方形になるように、1本目の対角線に打ちつけます。この時のコツは、2本目の支柱の位置を若干外側にずらしておくことです。それによって、完成時の寒冷紗のたわみが抑えられます。

⑧ 3本目と4本目の支柱をトラップが長方形になるように打ちつけて、トラップの足の設置は完了です。

⑨ 次に、寒冷紗の底面が地上から最低30 cmは離れるように位置を調節し、支柱に仮止めをしておいたタフロンテープを締めつけ、しっかりと網を支柱に固定します。バランスよく支柱の位置が決まっていれば、この時点で寒冷紗はきれいな長方形でぴんと張れています。

⑩ 最後に、支柱の上のほうに150 cmのタフロンテープの端を縛り、もう一方の端をトラップの中心から反対方向に伸ばして、近くの樹木など安定したものに結びつけます。トラップの中に落葉が溜まって重たくなると、寒冷紗がたわんできて開口面積が一定にならないので、タフロンテープの張りは必要です。これを4本の支柱で行えば、種子トラップの完成です。

● トラップの配置、メンテナンス

この種子トラップは、一定の間隔で格子状に数多く設置すれば、林全体の種子生産量や種子の空間的分布（シードシャドー、シードレイン）が調査できます（p.259）。また、1個体の低木の下に落下する種子の数や、1個体からの果実の持ち去り数を推定する際には個別に設置します（p.259）。トラップのサイズを自由自在に変えられるのも嬉しい点です。しかし欠点は、使っているうちに寒冷紗が伸びてきて、正確な開口面積が維持できない点です。1年間程度であれば十分に保たれますが、それ以上調査を続ける場合は、定期的に寒冷紗の張り替えが必要です。この種子トラップは、素早く短時間で大量に作りたいときにお勧めです。

（高橋 一秋・高橋 香織）

タネを運ぶ動物とその調査方法

被食散布の散布者（果実食鳥）

サクランボやイチゴなど、種子の周りにおいしそうな果肉をつけている果実を多肉果といいます。多肉果の多くはその果肉や果皮に糖分や脂質などの高い栄養素が含まれています。この多肉果を鳥などの動物が丸ごと食べて、果実の中に含まれている種子だけがそのまま排出されて散布されることを被食散布と呼んでいます。

●食べられてから散布まで

鳥が多肉果を食べて種子が散布されるまでの過程をもう少し詳しく説明しましょう。

鳥は歯を持っていないので、くちばしで果実をつまむとそのまま果実をまるごと呑み込みます。そのため、まるごと呑み込める果実の大きさは鳥の口の大きさ（口径）以下に限定されます。つまり、大きな鳥ほど多くの種類の果実を食べることができることになります。もちろん、まるごと呑み込まずに、果実の一部をついて少しずつ食べることは可能ですが、果肉をつつくだけでは種子散布に貢献することはできません。

呑み込まれた果実は鳥の消化管で消化されますが、多肉果の種子は硬い種皮（内果皮の場合もある）に守られて消化されることはありません。残った種子は口から吐き出されるか、糞として排出されます。鳥に食べられて種子が体外に排出されるまでの体内滞留時間はおよそ10分から30分ほどで、それほど長くありません。そのため、何十kmも遠くへ運ばれることは滅多にない現象だと考えられています。

種子散布者としてのヒヨドリ

日本を代表する果実食の鳥としてヒヨドリがあげられます。ヒヨドリは国内に一年中生息する留鳥ですが、北日本で繁殖した個体の多くが秋になると南方へ移動します。秋から冬にかけて成熟する多くの種類の果実はヒヨドリにとって重要な食料となっているのです。多数のヒヨドリが越冬する西南日本の照葉樹林では多くの樹種がこの時期に果実を成熟させます。春になると繁殖のためにヒヨドリは北方へ向かいます。日本海側に分布す

代表的な被食散布者、ヒヨドリ

るヒメアオキはちょうどその春の時期に果実が赤く成熟します。山形県の海岸地域では、4月になると赤くなりはじめ、ヒヨドリの渡りがピークを迎える5月上旬には果実がほとんど消失してしまいます。ヒヨドリが食べつくしてしまうらしいのです。ヒヨドリは繁殖期の夏には昆虫を捕らえて雛に給餌しますが、ヤマザクラなどの初夏に実る果実も好んで食べています。このようにヒヨドリは季節によって実りの時期が異なる果実をうまく利用していることから、多くの樹種の種子散布者として重要な役割を果たしていると考えられます。

ヒヨドリ以外にもカラス科、ムクドリ科、メジロ科、ヒタキ科、レンジャク科、キツツキ科など多くの鳥が果実を食べて種子散布に貢献していることがわかっています。これらの鳥も繁殖期には昆虫食であっても秋には果実食にシフトすることが多いのです。樹木の幹に止まって幹に穴をあけて虫を食べるキツツキ類も、秋にはホオノキやアカメガシワの果実を好んで食べています。冬鳥として日本に渡ってくるレンジャク類が樹木に寄生するヤドリギの種子散布者であることはよく知られています。

● 鳥を引きつける果実の形態

果実が食べられることで散布される被食散布の植物にとって、できるだけ効率よく食べられることが散布効率を高めることにつながります。そのため、その果実の形態や結実特性には被食効率を高めていると考えられる性質が多く見られます。

被食散布の果実には成熟すると赤や黒に色づくものが圧倒的に多く見られます。青い実をつけるサワフタギ、赤紫色のムラサキシキブ、白色のシラキなどこれ以外の色は数少ないのです。鳥は色覚をもっているため、緑の葉の中の赤や黒の果実は鳥をひきつける適応的な性質だと考えられています。ミズキやタラノキは果実だけでなく、果序柄（果実がついている軸の部分）が赤くなり、黒の果実とのコントラストが鮮やかで良く目立ちます。これを二色表示効果と呼びます。同じ二色表示でもサクラ類のように一つの果実が成熟するにつれて赤から黒に変化し、同じ個体内で各果実の成熟度合いが異なることで二色表示効果をもたらす場合もあります。

（林田 光祐）

アカメガシワの実を食べるルリビタキ

貯食散布の散布者（種子食鳥）

堅果（どんぐり）やマツの実などの大型で栄養価の高い種子(ナッツ類)をその場で食べるだけではなく、別の場所へ運んで貯蔵する鳥がいます。カラス科のカケスやホシガラスです。これらの鳥はその場で食べきれない種子を一旦隠して、あとから隠した種子を見つけて食べるという貯食行動をとるのです。これらの貯蔵によって隠された種子はすべて回収されるわけでなく、残された種子が発芽して成長していきます。このように動物の貯食行動によって種子が散布されることを貯食散布と呼んでいます。

温帯域の落葉広葉樹林に生息するカケスはコナラやミズナラなどの堅果を、南西諸島に生息するルリカケスはシラカシなどの堅果を貯蔵することが知られています。そして、高山帯や亜高山帯に生息するホシガラスはハイマツの種子を散布しています。ここではホシガラスの貯食行動について詳しく説明しましょう。

●ホシガラスの貯食行動

日本の高山の森林限界より上部で優占するハイマツの球果が緑色から褐色に変わる8月から9月になると、ハイマツ群落にホシガラスが頻繁にやってきます。球果を1個くわえると近くの岩の上などに運び、球果から種子を1個ずつ嘴で抜き取ります。抜き取った種子は嘴で割って食べますが、割らずにそのまま飲み込む方が圧倒的に多く見られます。ホシガラスは、舌下袋というのど袋のような器官をもっていて、ここに種子を詰め込んで運びます。ハイマツの種子であれば一度に200個も入れることが可能で、球果から抜き取った種子を舌下袋に貯めていきます。そして、3～5個ほどの球果を処理すると、貯蔵場所まで飛んでいきます。特定の貯蔵場所があるわけではなく、ハイマツ帯の中から下部の針葉樹林帯の中まで広い地域に運搬した後、平均10個ぐらいの種子を多くの場所に貯蔵します。このような貯蔵方法を分散貯蔵といいます。貯蔵する場所は植被が少ないやや開けた地面が多く、深さ数cmの土中に埋めます。これらの貯蔵行動はハイマツ球果がなくなるまで続けられるのです。そのため、豊作の年には自分が利用する以上の種子を貯蔵していると考えられます。

ホシガラスは貯蔵した種子を主に春から初夏のハイマツの発芽時期までの間に掘り出して食べます。このような貯蔵と回収の行動は、貯蔵場所を石や植物など

ハイマツの種子散布に貢献するホシガラス
ハイマツ種子を球果から取り出して舌下袋（のどのふくらんでいる部分）につめ込んでいる。

を目印として記憶していることが北米のハイイロホシガラスを使った実験で明らかにされています。しかし、すべて回収されることはなく、食べ残された種子が発芽し、実生が成長していきます。ホシガラスは1か所に複数の種子をまとめて貯蔵していることから、ハイマツ実生も数本まとまって束生していることが多く見られます。

●ハイマツとホシガラス

　ハイマツ種子は、同じマツ属で風散布のアカマツとは形態が異なり、翼がなく、サイズも大きいのです。このため、風によって散布されることはありません。ハイマツ種子を利用する動物はホシガラス以外にもリスや野ネズミなどのげっ歯類、ゴジュウカラなどの種子食鳥がいますが、利用量は少なく、貯蔵方法もその後の発芽に有利な方法ではありません。これらのことから、ハイマツは種子散布のほとんどをホシガラスに依存していると考えられます。

●ヤマガラの貯食

　私たちの身近にもすんでいるヤマガラも貯食散布の運び手となります。イチイは多肉果のような赤い仮種皮をもつ針葉樹で、ヤマガラはその甘い仮種皮は取り除いて種子だけを食べます。そして、食べるだけでなく、取り出した種子を1個ずつあちこちに分散貯蔵します。暖温帯の落葉広葉樹であるエゴノキの実もヤマガラは大好物です。こちらも薄い果皮を取り除いて、中の種子だけを利用します。貯蔵場所は樹上の枝の又や樹皮の間も使われますが、地表に降りて、地面に埋めることもしばしばです。そのため、食べ残された地中の種子は発芽して実生として成長することが可能となります。

●なぜ地表に？

　鳥にとって危険な地表にあえて種子を貯蔵するのはなぜでしょう。おそらく樹上で冬季に長期間種子を貯蔵しておくと乾燥してしまうからではないかと考えられます。それが植物にとっても発芽に適した条件に貯蔵されることになります。それともう一つ、イチイとエゴノキの種子のいずれにも有毒な成分が含まれているので、土に埋めることで有毒成分を減らす効果があるのかもしれません。

（林田 光祐）

身近な貯食散布者、ヤマガラ

被食散布の散布者（果実食の哺乳類）

多肉果を食べて種子を散布する被食散布者の動物は、鳥だけでなく哺乳類にも多く見られます。鳥と同様に色覚をもつサルの仲間の多くも果実をよく食べます。ほとんどが熱帯に生息するサルの仲間は、さまざまなトロピカルフルーツ樹木の主要な散布者となっています。最も北に分布するサルであるニホンザルも多肉果は大好きです。鳥が食べる小型の多肉果もよく食べますが、赤くて大型の果実であるヤマボウシやヤマモモの果実はとりわけニホンザルに好まれる果実だと考えられます。

サル類に次いで被食散布者を代表する哺乳類はコウモリです。熱帯には果実食の大型のコウモリが生息していて、鳥と同様の役割を果たしています。熱帯ではそれ以外にも、小さなハナグマから巨大なゾウまで多様な哺乳類が、被食散布者として、これまた多様なサイズや形態の果実を有する植物の種子の散布に貢献しています。

●哺乳類が好む果実

日本のような温帯域では、ヒグマ、ツキノワグマ、タヌキ、キツネ、テン、イタチなどのネコ目（食肉目）の哺乳類も重要な被食散布者であると考えられています。これらの動物はそれぞれ主要な食べ物は別にありますが、多肉果も多く利用しています。どの動物にも好まれているのがサルナシです。マタタビ科のつる性木本で直径2cmほどの小型のキーウィフルーツと同じような果実をつけます。成熟しても緑色のままで色は地味ですが、甘い香りを漂わせます。色は識別できないが、嗅覚が発達しているネコ目の動物たちに対しては、効果的なアピール方法です。

サルナシの他にこれらの哺乳類に種子散布を依存していると考えられる種として、大型の果実をもつオオウラジロノキ（リンゴ属）や果柄部を甘く肥厚させた

イチジク属の実を食べに来たインドオオコウモリ

サルナシの果実

ケンポナシがあります。さらに、房状になるヤマブドウやウワミズザクラなども好まれます。また、果実食の鳥が少ない初夏に成熟する果実もこれらの哺乳類によく食べられています。サクラ類やキイチゴ類、ヤマグワなどがこれにあたります。

●タヌキの果実メニュー

人里近くにもすんでいるタヌキの果実食のメニューを見てみましょう。東北日本海側の里山では早春に林床植物が一斉に花を咲かせますが、その一種であるエンレイソウの果実が6月頃に成熟します。エンレイソウはアリ散布植物として知られています (p. 278) が、果実が落下する前にタヌキが果実を丸ごと食べてしまうことも多いのです。草本なので果実は1〜2個しかつけませんが、群生する植物なので、効率よく得られる果実なのかもしれません。6月も半ばを過ぎるとカスミザクラの果実が落ち始めます。サクラの実は比較的小さいのですが、樹冠下に大量に落ちるのでこの時期によく食べています。同時にモミジイチゴもメニューに加わります。盛夏の間はさほど果実が手に入りませんが、9月頃から多くの果実が成熟し始めます。サルナシやヤマボウシなども食べ始め、晩秋にはケンポナシの頻度が高くなり、これにキブシが加わって冬を越します。このようにタヌキは初夏から晩秋まで季節に応じてさまざまな果実をうまく利用しているのです。

●種子散布者としての哺乳類

鳥による被食散布に比べると体のサイズが大きい哺乳類の種子の体内滞留時間は数時間から数十時間と長くなります。そのため長距離散布の可能性も高いのです。しかし、一度に出す糞の量も多いことから1か所にかたまって散布されることになります。このことは実生が集中して発芽することを意味しているので、植物にとっては必ずしも有利とは言えないでしょう。特にタヌキはため糞という性質を持ち、同じ場所に何度も糞をすることから、さらに集中度が高まることになります。このような散布は、単独で生活しているような樹木よりも密集した集団で生育する草本類にむしろ有利に働くのかもしれません。

（林田 光祐）

落下したオオウラジロノキの実を食べるタヌキ

貯食散布の散布者（種子食の哺乳類）

リスやネズミなどの齧歯目の動物がどんぐりなどの木の実を貯蔵して後で食べる貯食行動を行うことはよく知られています。貯蔵される木の実は、ブナ、ナラ、カシ、シイなどのブナ科、トチノキ、クルミ（ウォルナッツ）、ハシバミ（ヘイゼルナッツ）など大型で栄養価の高い堅果やマツ科の種子・球果です。

同じリスの仲間でも、特定の場所に大量に集中して貯蔵（巣穴貯蔵）を行う北米のアカリスのような種類と、多くの場所に少量ずつ分散して貯蔵（分散貯蔵）を行う同じ北米のハイイロリスのような種類がいます。アカリスは排他的ななわばりを有し、貯蔵物を守りながら生活するのに対して、ハイイロリスはゆるやかに他の個体と重複する行動域の中で生活し、貯蔵物の一部を盗まれる可能性は高いものの、すべて盗られてしまう危険は小さくしています。日本に生息しているニホンリスやエゾリスはいずれも分散貯蔵を行う後者に属します。また、シマリスやアカネズミなどの野ネズミは分散貯蔵も巣内貯蔵もどちらも行いますが、一時的に分散貯蔵した種子をその後巣内へ運ぶことも多いようです。

貯蔵場所までの運搬距離は野ネズミではほとんどが10〜20m程度の距離ですが、リスは100mを超えて運ぶことも多く見られます。また、一度貯蔵された種子を回収して、再度運ぶことでより遠くに貯蔵することも頻繁に行われているようです。

貯蔵される種子にとって、その後の発芽や実生の定着に有利なのは分散貯蔵です。集中貯蔵（巣内貯蔵）では、地中深い場所などの発芽・定着に不利な環境の場所が多く、たとえ発芽できても集団内での競合にさらされる可能性が高くなります。

リスによって種子が散布されているチョウセンゴヨウというマツ属の一種の例を紹介しましょう。長さ20cm近くもある大きな球果（松ぼっくり）に約150個の種子（長さ15mm）が入っています。

チョウセンゴヨウを利用するエゾリス
球果から種子を取り出し（左）、貯食する（右）

松の実として食用となるのはこのチョウセンゴヨウの種子です。リスはこの巨大な球果の鱗片を剥いたうえで、口にくわえて運んでいきます。そして、置いた球果から種子を2〜4個取り出して口に入れると、球果から数m離れた場所まで走り、地面の落ち葉をかきわけ、口にふくんだ種子を土の中に押しつけるように入れると、周りの落ち葉をその上に前足でかき集めて、まるでその上にふたをするような行動をとります。すぐに球果のところに戻って、また数個種子を取り出して、別の方向に走り、貯蔵します。数か所貯蔵すると、球果を運び、また貯蔵するということを繰り返して球果の中の種子がなくなるまで種子の貯蔵行動を繰り返すのです。

　このようにばらまかれた種子は、もちろん貯蔵したリスがその後掘り返して食べますが、貯蔵したリスだけでなく、別の個体も利用しますし、アカネズミなどの野ネズミ類が利用する場合もあります。これらの捕食をまぬがれた種子は翌年の春に発芽し、実生となります。北海道では自生していないチョウセンゴヨウですが、人工的に植栽された林からエゾリスが種子を散布して、その周囲の落葉広葉樹林内で自然に更新した稚樹や幼樹が多く生育している場所も見られます。最も近い母樹から1.8 kmも離れた稚樹もあり、エゾリスはチョウセンゴヨウの球果を運ぶことで種子を遠くまで散布していると考えられます。リスはハイマツやキタゴヨウの球果も運んでいき、中から種子を取りだして食べますが、なぜかその種子を貯蔵することはなく、球果ごと貯蔵します。ハイマツやキタゴヨウの種子はサイズが小さいためだと考えられますが、よくわかっていません。

　チョウセンゴヨウの球果から種子を取り出すことができるのは、リスとホシガラスくらいであり、特定の動物との結びつきが強いことが特徴となります。オニグルミについても同様に、この堅い殻を自ら容易に開けられるのはリス（エゾリスとニホンリス）とアカネズミだけです。

（林田 光祐）

束生するチョウセンゴヨウの実生

ミズナラの堅果を運ぶアカネズミ

散布者の特定方法

　果実の形態からどのタイプの種子散布かは推測できます。しかし、どんな動物がどのくらい関与しているのかは多くの植物でわかっていません。同じ種類の植物であっても、生育地によって異なる場合もあります。ここではどのような動物が散布者になるかを調べる方法について紹介します。

直接観察
アカメガシワ（右中央）の果実を食べに来る動物を、車の中から直接観察している。車の中なら、比較的警戒されずに観察できる。

●直接観察する

　果実が成熟すると果実や種子を目当てに動物が集まってきます。これをうまく直接観察すれば、訪問した動物の種名と個体数、それらの行動を記録することができます。

　観察を始める前に調査対象の植物の個体や群落であればその範囲を決めます。直接観察は昼間しかできませんが、できるだけ早朝から始めることが好ましいです。というのも、昼行性の哺乳類や鳥も早朝に活発に活動することが多いからで、できれば夜明けから日没まで観察して、どの時間帯が活発かを見極めたうえで主な観察時間帯を決めた方がよいでしょう。

　観察者の影響を最小限に抑えたうえで質のよいデータを取るためには、観察場所の選定が重要です。調査対象全体がよく見えて、動物から警戒されない程度離れた場所である必要があります。迷彩色の観察用ブラインドや車を利用するのもよいのですが、視界が限定され、声や音が聞こえにくい欠点もあることから、対象動物や立地条件によっては、樹上からの観察や衣服のみのカムフラージュで観察した方がよい場合もあります。

　観察に欠かせない道具は双眼鏡です。訪れた動物の種類判別にももちろん有用ですが、その動物の行動を確認する必要があるからです。その行動とは、果実を食べているのかどうか、食べている場合は何個食べたか等で、それらをできる限り数えます。また、果実を丸呑みせずに、果実の中の種子を取りだして種子を割って食べる場合もあるので、注意深く確認する必要があります。鳥などが果実を丸呑みにして採食した数は、そのまま持ち出した（持ち去った）果実数とみなせます。観察結果として、動物が訪問した時刻、離れた時刻、種名、個体数、採食した果実数・種子数、持ち出した果実数・種子数を記録できれば、定量的な解析にも使える詳しいデータとなります。

自動撮影
赤外線センサー付カメラで撮影された2匹のテン。オオウラジロノキの樹冠下に、落下した果実を食べに来ていた。右下に日付と時刻が記録されている。

●自動撮影装置

　直接観察にはいくつかの欠点があります。一つは観察者の影響を排除できないことであり、もう一つは夜間に観察が困難であることです。これらの問題を解決してくれるのが、カメラやビデオカメラを利用した自動撮影装置です。撮影の対象や目的に合わせてさまざまな装置が開発されていますが、近年、安価な赤外線センサー付カメラが開発されて手軽に利用できるようになりました。ただし、このセンサー付カメラが有効に活用できる条件は限定され、昼間の樹冠や明るい林床の撮影には向いていません。写真のように、うっ閉した林床においた果実にやってくる動物を記録する場合には有効です。この場合も必ずしも果実を食べた瞬間や種子を運ぶ姿が撮影されるわけではないので、行動すべてが記録できるのではなく、訪問回数が把握可能になると考えておいた方がよいでしょう。

●調査を組み合わせる

　直接観察でも自動撮影でも、必ずしも果実や種子を持ち出す数を正確に記録できるとは限りません。その記録の精度を確認する方法として、観察対象の果実の数を定期的に数えることがあげられます。数える頻度や精度によっては、どの種の動物がどのくらい果実を持ち出したか判断できます。

　採食行動による果実・種子の持ち出し以外に、種子の散布自体を直接観察してデータを取ることは極めて困難です。そのため、種子トラップを広い範囲に数多く設置する、遺伝的な解析によって種子の親個体を特定する、一定のコースを定期的に歩いて採集した糞の中に含まれている種子の量や種構成を分析する、サイズが大きい貯蔵散布の種子や堅果自体に印や金属片などをつけて追跡する、というような散布型に合わせた間接的な方法が試行錯誤しながら試みられています(p. 264)。これらの方法は、いずれも研究対象である動物と種子の特徴をうまく利用して工夫を凝らしています。新たな調査方法を考え出すことが、ユニークな研究に直結すると言っても過言ではありません。

〔林田 光祐〕

アリによる散布（アリ散布）

アリは地球上で最も繁栄する動物の一つです。種類によって食べ物は異なり、動物質のものから植物質まで多様です。なかには種子食のアリもいて、果実や種子を巣の中まで運び込み貯蔵する性質を持っています。この過程で食べ残されて結果的に散布される貯食散布を行っているアリが存在します。

● アリ散布植物

このようなアリによる貯食散布もありますが、一般にアリ散布と言えば、エライオソームと呼ばれる脂質に富んだ付属体をつけた種子をアリが一緒に運び、エライオソームを食べた後に巣の中や外に捨てられて、種子が散布されることをいいます。アリも植物も相互に利益を得られる相利共生の関係にあります。そして、このような散布方法をとる植物をアリ散布植物とよびます。

エンレイソウの果実

アリ散布植物は湿潤な熱帯林から乾燥地域や寒冷な地域まで世界中に分布しています。日本では早春の林床を彩る草本植物に多く見られます。カタクリやエンレイソウ、フクジュソウ、エンゴサク、ミスミソウ、それにイチリンソウ属やスミレ属などが代表種としてあげられます。これらのアリ散布植物の種子を運ぶアリの種類も多く、クロヤマアリやアシナガアリ、アメイロアリ、トビイロケアリなど体のサイズもさまざまです。しかし、特定のアリが特定の植物の種子を運ぶというわけでなく、同じ群集の中でも多数のアリ散布植物種と多数のアリの種が対応するきわめてゆるやかな関係であると言われています。

● アリによる散布の意義

アリが種子を運ぶ距離は鳥や哺乳類による散布と比べると短くなります。数十mもの長い距離を運んだ記録もありますが、通常平均1m前後と言われています。そのかわり、落下した種子は速やかに運ばれ、巣の中に隠されます。これによって、種子捕食者による捕食を回避していると考えられています。土壌栄養が乏しい乾燥地域では、アリの巣とその周囲の土壌が栄養分に富んでいるので、実生の定着率を高めることも指摘されています。さらに、熱帯雨林では鳥や哺乳類が食べ残した果実やそれらの動物の糞からも種子を運ぶ二次散布者としての役割も指摘されています。

エンレイソウの種子を運ぶアリ
淡黄色の部分がアリの餌となるエライオソーム。

● 糸でマーキングする

　アリ散布種子がどの程度どこまで運ばれるかを調べる場合には、種子に印をつけて追跡します。アリ散布種子には、長さが数mmの小さい種子が多く、落ち葉の多い地表を移動することから、見失いやすいという難しさがあります。そのため、種子に長さ数cmの糸をつける方法が多く用いられています。複数の場所に種子を置く場合や果実ごとに識別したい場合には、糸の色を変えたり、糸にペンで印をつけたりすることを組み合わせて使用するとよいのです。種子の一部にエライオソームが付着しているので、付着していない部分に糸を接着剤でつけます。

　マークした種子を林床に置くと、比較的短時間のうちにアリが運んでいきます。エンレイソウの果実32個中のそれぞれ30個の種子にマークし、その果実を林床に置いた実験では、24時間後には58％の種子が果実から持ち出されていました。1か月後に林床を丁寧に探すと、種子につけた糸の93％は回収できましたが、糸と一緒に残っていた種子はそのわずか8％に過ぎませんでした。これは種子がすべてアリによって運ばれているわけではなく、オサムシやゴミムシなど他の地上歩行性昆虫によって種子やエライオソームが食害されるためです。これらの食害昆虫がどの程度関与しているかを明らかにするためには、直接観察と操作実験（アリだけが出入りできる容器と大型の昆虫も入れる容器で比較する）を組み合わせて調べることが必要でしょう。

　　　　　　　　　　　　（林田 光祐）

種子にテグスをつけたエンレイソウ果実
このような種子の散布調査には、軽くて目立つ目印が有効だ。

散布者となるその他の動物

●付着散布

　動物による種子散布としては被食散布と貯食散布がよくとりあげられますが、もう一つの方法として付着散布があります。水田雑草のように微細な種子がカモなどの水鳥の足や羽毛に付着して散布される場合もありますが、一般に「くっつきむし」と呼ばれている動物の羽毛や人の衣服に付着して運ばれる種子のことをいいます。種子や果実に鉤や刺のような毛にひっかかる器官を有するキンミズヒキやオオオナモミなどのタイプと粘液を分泌するメナモミなどのタイプがあり、いずれも付着する特別なしくみを有しています。このような形態を有する種子はほとんどが草本類であり、木本類の高木種にはありません。おそらく地上を歩く哺乳類に運ばれる植物が多いためと考えられます。被食散布や貯食散布、アリ散布とは異なり、付着散布は動物に利益がなく、植物が一方的に利益を得る片利共生の例と言えます。身近に見られる植物が多いにもかかわらず、付着散布の研究は少ないのが現状です。

●被食散布する爬虫類、魚類

　被食散布する動物は、哺乳類や鳥類以外にも存在し、爬虫類と魚類での例が知られています。ガラパゴス諸島には巨大なゾウガメがいることで有名ですが、野生のトマトなどの果実を食べて種子を散布しています。また、アマゾン川流域には雨期になると水没してしまう森林があり、この水没林を構成する樹木種の多くが雨期に果実を成熟させます。そして、水面に落下するそれらの果実や種子を求めて集まってきた魚の中には、種子を被食散布するものがあります。

●昆虫やカニによる種子散布

　アリ以外の無脊椎動物による種子散布は多くありません。その少数の例の一つが糞虫による種子散布です。熱帯林や日本のような温帯林では多種多様な多肉果がサルなどの哺乳類に食べられて糞と一緒に種子が排出されています。糞虫は、これらの糞を食べるために糞を転がした

付着型動物散布のオオオナモミの果実

オヤブジラミの果実がびっしりついた
(高知県立牧野植物園　前田綾子　撮影)

カスミザクラの種子を運ぶツチカメムシ

エノキを採食するクロベンケイガニ（伊藤信一 撮影）
運んできたエノキの果実を巣穴の近くで食べようとしている

り種子と一緒に地中に埋めたりするので、種子にとっては二次散布されたことになります。糞虫は種子を食害するわけではなく、しかも発芽に適した地中に埋土することで種子捕食者からも回避されます。このように植物にとって、糞虫による二次散布は、種子の生存に有利に働いているのです。

　また、昆虫の中にもリスのように種子を貯蔵する種類がいます。ツチカメムシです。カスミザクラなどの種子を吸汁する種子食者ですが、林床に落下した果実や種子を地中に引きずり埋めます。野ネズミによる捕食を回避するためだと考えられ、すぐに吸汁する場合もあれば、近くに産卵して孵化した幼虫の食料にも使います。運搬する距離は短く種子散布にどれだけ貢献しているかわかっていませんが、貯食散布になっている可能性はあります。

　インド洋に浮かぶオーストラリア領のクリスマス島にはレッドクラブと呼ばれるカニが生息し、1年に一度の雨期の始めに産卵のために海岸まで大移動することで知られています。このカニは普段は熱帯雨林にすむ陸生のカニで、落葉や多くの果実、種子、実生などを食べています。種子食者ではありますが、種子を巣穴へ運ぶため、種子散布者の役割も果たしていると考えられています。

　日本に生息するアカテガニ、ベンケイガニ、クロベンケイガニの3種の陸生ガニでも多様な果実や種子を運んで食べることが確認されています。とくに、アカテガニは種子を破壊する割合も低く、種子散布者となる可能性が高いことが示唆されています。

　このようにさまざまな動物が種子の散布者となっており、ここで紹介した以外にも思いもよらない動物が種子散布を行っている例がこれからも見つかる可能性は十分あるでしょう。

（林田 光祐）

タネを運ぶ動物とその調査方法

用語解説

【ア行】

アリ散布（ありさんぷ）：アリを散布者とする種子散布の過程。貯食散布の一つとも考えられる。　➡ p.278

【カ行】

海流散布（かいりゅうさんぷ）：水散布の一つで、種子が海流によって運ばれる過程。　➡ p.294

核果（かくか）：果皮の一部が硬化して種子を覆った丈夫なタネ（核）を含む果実。多くは被食散布性。　➡ p.53

攪乱（かくらん）：台風や火山活動などの自然現象または伐採などの人為的な活動によって植生の一部または全部が破壊されること。　➡ p.226

果実食（かじつしょく）：採食する食物の中に被食散布性の果実を含む食性。日本のような温帯では、動物質の食物も食べる雑食性であることが多い。　➡ p.268, 272

風散布（かぜさんぷ）：種子が風によって運ばれる過程。　➡ p.242

果肉（かにく）：被食散布性の果実において、動物の可食部になる部分。子房が発達した果皮、花托（花床）、仮種皮など多様な組織に由来して形成される。　➡ p.244

球果（毬果）（きゅうか）：マツやスギなどで、一つの軸に木化した鱗片が集合したもので、中に多数の種子を含んでおり、裂開すると種子が散布される。　➡ p.102

休眠（きゅうみん）：発芽能力をもつ種子が、発芽に適した環境においても発芽しない現象。種子休眠ということもある。　➡ p.236

休眠解除（きゅうみんかいじょ）：休眠状態にある種子が、温度変化や光などの特定の刺激を受けてその状態から脱し、発芽に適した条件下で発芽するようになること。　➡ p.218

堅果（けんか）：外層の果皮が乾燥して堅くなるブナ科やカバノキ科などの果実。ブナ科の堅果は一般に「どんぐり」と呼ばれる。　➡ p.246

更新（こうしん）：森林が攪乱を受けた後に、種子の発芽や萌芽によって、若い森林の状態になること。植栽や除草など人手を加えた場合は人工更新という。　➡ p.228

高木（こうぼく）：一般的には樹高10m以上に達し、森林の上層を構成する樹木を言う。

【サ行】

散布距離（さんぷきょり）：親木から種子が散布によって到達した場所までの距離。　➡ p.251

散布者（さんぷしゃ）：被食散布や貯食散布など動物を媒体とする種子散布において、種子の運び手となる動物。　➡ p.268

シードレイン：対象とする空間に上方から落ちてくる種子全体。複数の親個体からその空間に散布されたすべての種子を指す。　➡ p.260

実体顕微鏡（じったいけんびきょう）：接眼レンズが双眼になっており、対象物を立体的に拡大して観察できる顕微鏡。倍率は数十倍程度のものが多い。種子の形態を詳しく観察するのに適している。　➡ p.222

自動撮影装置（じどうさつえいそうち）：赤外線

センサーなどによって対象空間を訪れた動物を感知して自動的に撮影を行う装置。　　　　　　　　　　➡ p.277

自動散布（じどうさんぷ）：果実が裂開する際にはじきとばされる等、親植物自体の機械的な作用によって種子が散布される過程。多くは、スミレやホウセンカ等の草本植物にみられ、樹木では稀。
　　　　　　　　　　　　　　➡ p.248

樹冠（じゅかん）：樹木の上方で葉や枝が集まっている部分。　　　　　　➡ p.283

種子散布（しゅしさんぷ）：種子が動物、風、水などの媒体を利用して親個体から移動する過程。　　　➡ p.248〜280

種子トラップ（しゅしとらっぷ）：上方から落ちてくる種子を集めて採集する道具。シードトラップとも呼ばれる。➡ p.266

植生回復（しょくせいかいふく）：植生が攪乱された後に、元の植生または攪乱前とは異なる植生が成長して回復すること。
　　　　　　　　　　　　　　➡ p.226〜231

セーフサイト：種子の発芽とその後の成長に適した環境、およびその場所。
　　　　　　　　　　　　　　➡ p.252

先駆樹種（せんくじゅしゅ）：攪乱を受けた場所にいち早く発芽・定着をして成長する樹種。　　　　➡ p.219

相利共生（そうりきょうせい）：生物の種間関係の中で、双方に何らかの利益が生じる関係。　　　　➡ p.241

【タ行】

体内滞留時間（たいないたいりゅうじかん）：被食散布性の果実に含まれる種子が、散布者に採食されてから排泄されるまでの時間。　　　　　　　➡ p.268

淡水散布（たんすいさんぷ）：水散布の一つで、種子が河川や池などの淡水によって運ばれる過程。　　　➡ p.248

稚樹（ちじゅ）：生育途中の発育段階にある樹木の幼個体。その大きさに厳密な定義はないが、高木種の場合は森林の下層にあるサイズの個体をさすことが多い。　　　　　　　　　　➡ p.225

稚樹集団（ちじゅしゅうだん）：森林の下層に蓄積された稚樹の集団。シードリングバンクともいう。　　　➡ p.225

貯食行動（ちょしょくこうどう）：動物が採取した食物をいったん貯蔵し、あとから回収して食べる行動。　➡ p.224

貯食散布（ちょしょくさんぷ）：動物に貯蔵された種子が食べ残されることで結果的に移動したことになる過程。貯蔵散布、食べ残し型散布とも呼ばれる。➡ p.246

低木（ていぼく）：森林では下層を形成し、上層には達しない樹木。　➡ p.219

【ナ行】

二色表示（にしょくひょうじ）：被食散布性の果実の中で、サクラやクワの果実のように、複数の色を組み合わせて散布者を誘引すること。　　　　➡ p.245

【ハ行】

発芽（はつが）：学術的には、成長した胚の一部が種子の外部に現れる過程、慣用的には地面から芽が出てくること。種子発芽という場合もある。　➡ p.234

被食散布（ひしょくさんぷ）：動物に食べられた種子が消化されずに排泄されることで運ばれる過程。周食散布とも呼ばれる。　　　　　　　　　　➡ p.244

付着散布（ふちゃくさんぷ）：種子が動物の体表に付着して運ばれる過程。　➡ p.280

萌芽（ほうが）：樹木の根元付近から生じた芽。里山では、伐採後の切り株から発生した萌芽を育成して再び森林にする方法がしばしば用いられてきた。

保残帯（ほざんたい）：伐採の際に、林地保全、種子源（母樹）の保存、防風等の目的で残された箇所。通常尾根沿い（帯状）に残すので、保残帯と呼ばれる。➡ p.232

【マ行】

埋土種子（まいどしゅし）：発芽可能な状態で土壌中に埋もれている種子。　➡ p.218

埋土種子集団（土壌シードバンク）（まいどしゅししゅうだん・どじょうしーどばんく）：土壌中に蓄積されている埋土種子の集団。　➡ p.218

実生（みしょう）：発芽した後のごく初期段階の個体。発芽した当年からその翌年までの個体を指すことが多く、それ以上のものを稚樹という。　➡ p.222

水散布（みずさんぷ）：河川や海流など水の動きによって種子が運ばれる過程。　➡ p.248

【ラ行】

林縁（りんえん）：森林と他の植生との境界。しばしば低木類などが多く生育し、林縁に沿って分布する特有の植生がみられる。　➡ p.260, 265

林冠（りんかん）：個々の樹木の樹冠が連続して形成される森林の上層。　➡ p.218

林型（りんけい）：構成樹種やそれらのサイズ分布等に基づいて区分する森林の形。

林床（りんしょう）：森林下の地表面近くの土壌や空間。土壌の有機物層から小型の草本が生育する高さまでの空間を指すことが多い。　➡ p.228〜229

参考文献

【木のタネ標本館】

タネの種類（分類）を表す学名と科名は、最新の文献を引用しています。分布や生活型については、主に下記文献を参考に記述しており、外来種等については他の文献や著者らの知見を加えています。

● 学名

Ito, M., Nagamasu, H., Fujii, S., Katsuyama, T., Yonekura, Ebihara, A., Yahara, T. 2016. GreenList ver. 1.01（被子植物 AGPIII 配列）(http://www.rdplants.org/gl/).
米倉浩司・梶田忠　2003-. BG Plants 和名－学名インデックス（YList）(http://ylist.info).
The Plant List (http://www.theplantlist.org/).

● 分布・生活型・果期など

北村四郎・村田源　1971. 原色日本植物図鑑 木本編 1・2. 保育社．
佐竹義輔　1999. 日本の野生植物　木本〈1〉・〈2〉. 平凡社．
初島住彦　1976. 日本の樹木―日本に見られる木本類の外部形態に基づく総検索誌．講談社．
林弥栄　2011. 増補改訂新版 日本の樹木（山溪カラー名鑑）．山と渓谷社．

【木のタネ事典】

タネの生態や発芽実験についてさらに知識を得たい方には、以下の参考文献およびウェブサイトをお薦めします。

ISTA. 2016. International Rules for Seed Testing. (https://www.seedtest.org)〈種子発芽の実験法，有料〉
浅井元朗　2012. 身近な雑草の芽生えハンドブック．文一総合出版．
浅野貞夫　1995. 原色図鑑　芽ばえとたね―植物3態／芽ばえ・種子・成植物―．全国農村教育協会．
伊藤ふくお　2001. どんぐりの図鑑．トンボ出版．
小林正明　2007. 花からたねへ―種子散布を科学する．全国農村教育協会．
酒井敦　2013. 芽ばえ図鑑．森林総合研究所四国支所 (http://www.ffpri-skk.affrc.go.jp/mebaezukan/index.html)
種生物学会（編）・吉岡俊人・清和研二（責任編集）　2009. 発芽生物学―種子発芽の生理・生態・分子機構．文一総合出版．
關義和・江成広斗・小寺祐二・辻大和　2015. 野生動物管理のためのフィールド調査法．京都大学学術出版会．
八田洋章　2015. 樹木の実生図鑑―芽生えと樹形形成―．文一総合出版．

用語索引

用語の意味を説明しているページを挙げました。
「用語解説」に取り上げた用語は，ゴシック体で該当ページを示しています。

【英数字】

GPSテレメトリー法→調査法

【ア行】

アリ散布→種子散布様式
移住仮説→種子散布の意義
遺伝子 240
エライオソーム 278, 279

【カ行】

皆伐 226
海流散布→種子散布様式
核果 53, 282
殻斗 7, 14
攪乱 226, 282
果実 244
果実食 282
風散布→種子散布様式
果肉 244, 282
球果 102
球果（毬果）282
休眠 236, 283
休眠解除 282
休眠打破 237
凶作 247
兄弟間相互作用仮説→種子散布の意義
金属探知機 263
空間的逃避仮説→種子散布の意義
堅果 10, 246, 251, 255, 262, 282
更新 282
高木 282

【サ行】

座 7
採土円筒 221
さく果 11
散布距離 251, 264, 265, 282
散布者 282
シードシャドー 259
シードリングバンク→稚樹集団
シードレイン 260, 282
指向性散布仮説→種子散布の意義
実体顕微鏡 282
自動撮影 277
自動撮影装置 282
自動散布→種子散布様式
集合果 92
集中貯蔵 263
樹冠 283
種子 240, 244
種子散布 283
種子散布の意義
　移住仮説 252
　兄弟間相互作用仮説 250
　指向性散布仮説 252
種子散布様式
　アリ散布 278, 282
　海流散布 249, 282
　風散布 242, 282
　自動散布 248, 283
　淡水散布 248, 283
　貯食散布 246, 283
　被食散布 244, 283
　付着散布 280, 283
　水散布 284
種子散布量 262
種子トラップ 254, 266, 283
種子トラップ法→調査法
種子発芽→発芽
種子捕食者 246, 281
小核果 92
植生回復 226, 283

セーフサイト 252, 283
遷移後期種 227
先駆樹種 219, 283
総苞 7
相利共生（関係）241, 244, 283

【タ行】

体内滞留時間 268, 273, 283
多肉果 10, 268
淡水散布→種子散布様式
稚樹 225, 283
稚樹集団（シードリングバンク）225, 227, 283
長距離散布 273
調査法
　GPSテレメトリー法 265
　種子トラップ法 254, 259, 262
　直接観察 264, 276, 279
　直接計数法 221
　袋掛け法 256
　実生発生法（発芽試験法）222
　ラジオテレメトリー法 265
直接観察→調査法
貯食（行動）224, 283
貯食散布→種子散布様式
低木 283
豆果 11
土壌シードバンク→埋土種子集団

【ナ行】

二次散布 262
二次散布者 278
二色表示 283
二色表示効果 245, 269

【ハ行】

発芽（種子発芽）*234*, *283*
発芽試験法→実生発生法
被食散布→種子散布様式
袋掛け法→調査法
プランター *222*
分散貯蔵 *263*
ペリット *245*
萌芽 *283*
防御物質 *246*
豊作 *247*
保残帯 *232*, *283*

母樹 *232*
捕食 *275*

【マ行】

埋土種子 *218*, *284*
埋土種子集団（土壌シードバンク）*218*, *220*, *226*, *284*
マッピング *233*
実生 *222*, *284*
実生発生法→調査法

【ラ行】

ラジオテレメトリー法→調査法
林縁 *284*
林冠 *284*
林冠ギャップ *230*, *252*
林型 *284*
林床 *284*
林床植生 *226*

動物名索引

アカネズミ *224*, *246*, *247*, *262*, *263*, *265*, *274*, *275*
アカリス *274*
アナグマ *262*
イタチ *272*
インドオオコウモリ *272*
エゾリス *274*, *275*
カケス *225*, *246*, *255*, *262*, *265*, *270*
キツネ *262*, *272*
クロベンケイガニ *281*
ゴジュウカラ *271*
シマリス *274*

タヌキ *224*, *262*, *265*, *272*, *273*
ツキノワグマ *255*, *262*, *265*, *272*
ツチカメムシ *281*
テン *224*, *255*, *262*, *265*, *272*, *277*
トラツグミ *258*
ニホンザル *272*
ニホンリス *274*, *275*
ハイイロホシガラス *271*
ハイイロリス *274*
ハナグマ *272*

ヒグマ *272*
ヒメネズミ *224*, *246*
ヒヨドリ *268*
ホシガラス *246*, *247*, *270*, *271*, *275*
ヤクザル *264*
ヤマガラ *271*
ヤマドリ *224*
ルリカケス *270*
ルリビタキ *269*

植物和名索引

斜体の数字は，タネの写真を掲載したページを示します。
立体の数字は，コラム，事典などで言及されているページです。

【ア行】

アイズシモツケ 98, *159*
アオキ 73, *199*
アオギリ 118, *176*
アオダモ 109, *203*
アオツヅラフジ *247*, 261
アオハダ 77, *208*
アオモジ 51, *132*
アカガシ 19, *170*, 232
アカギ 84, *145*
アカシデ 119, *174*
アカマツ 111, *123*, 242, 271
アカミノイヌツゲ 78, *209*
アカメガシワ 70, *144*, 219, 229, 269
アカモノ 104, *196*
アキグミ 40, *159*
アクシバ 103, *198*
アケビ 66, *134*
アサダ 118, *175*
アズキナシ 81, *158*
アスナロ 116, *126*
アセビ 98, *197*
アデク 56, *140*
アブラチャン 27, *130*
アベマキ 19, *171*
アマミゴヨウ→ヤクタネゴヨウ
アメリカヤマボウシ→ハナミズキ
アラカシ 16, *166*
アリドオシ 70, *200*
アワダン 55, *183*
アワブキ 50, *135*

イイギリ 88, *142*, 224
イジュ *188*
イジュ（ヒメツバキ）117

イズセンリョウ 103, *194*
イスノキ 72, *137*
イソノキ 61, *161*
イタヤカエデ 108, *179*, 242, 264
イチイ 57, *125*, 244, 271
イチイガシ 16, *167*
イチョウ 23, *122*
イヌエンジュ 45, *147*
イヌガシ 57, *133*
イヌガヤ 74, *125*
イヌザンショウ 55, *184*
イヌシデ 12, *119*, 174
イヌツゲ 68, *208*
イヌビワ 101, *163*, 224
イヌブナ 20, *165*
イヌマキ 54, *125*
イボタノキ 76, *204*
イロハモミジ 12, *107*, 177
イワガラミ 96, *187*
イワツツジ 104, *198*
イワナシ 104, *196*

ウスギモクセイ 38, *205*
ウツギ *219*, 221
ウドカズラ 67, *138*
ウバメガシ 16, *167*
ウメモドキ 78, *209*
ウラジロガシ 16, *166*
ウラジロノキ 81, *158*
ウラジロモミ 110, *122*
ウリカエデ 108, *179*
ウワミズザクラ 78, *150*, 273

エゴノキ 72, *194*, 271
エゾエノキ 49, *162*
エゾノキヌヤナギ *143*
エゾノコリンゴ 85, *149*
エゾヒョウタンボク *47*

エゾヒョウタンボク *216*
エノキ 49, *162*, 281
エビガライチゴ 92, *157*
エビヅル 60, *138*
エンジュ 64, *147*
エンレイソウ 273, 278, *279*

オオウラジロノキ 83, *149*, 272, 273, 277
オオオナモミ *280*
オオカメノキ 59, *213*
オオバイボタ 76, *204*
オオハマボウ 44, *176*
オオバヤシャブシ 115, *172*
オオバヤナギ 117, *144*
オオバルリミノキ 77, *200*
オオモミジ 107, *177*
オガタマノキ 62, *129*
オガラバナ 107, *178*
オキナワウラジロガシ 19, *170*
オトコヨウゾメ 65, *214*
オニグルミ 26, *175*, 246, 248, 265, 275
ノエヤナギ *143*
オノオレカンバ 114, *173*
オヒルギ *249*
オヤブジラミ *280*
オンツツジ *223*

【カ行】

カギカズラ 96, *202*
カクレミノ 84, *211*, 224
カゴノキ 41, *131*
カジイチゴ 92, *156*
カジカエデ 109, *180*
ガジュマル 100, *163*
カシワ 17, *168*
カスミザクラ 59, *150*, 253,

273, 281
カナクギノキ 41, 130
ガマズミ 64, 214, 247, 261
カマツカ 81, 148
カヤ 23, 126
カラコギカエデ 108, 180
カラスザンショウ 55, 185,
　　　219
カラタチバナ 49, 193
カラマツ 224
カンザブロウノキ 42, 191
カンヒザクラ 79, 149
カンボク 63, 213

キササゲ 106, 205
キタゴヨウ 112, 124, 275
キダチニンドウ 47, 215
キヅタ 69, 212
キハダ 83, 184
キブシ 101, 139, 219, 273
キリ 113, 206
ギンゴウカン 47, 147

クサイチゴ 91, 155
クサギ 34, 206
クスドイゲ 69, 142
クスノキ 51, 129
クチナシ 63, 200
クヌギ 19, 170
クマイチゴ 92, 156
クマシデ 119, 174
クマノミズキ 48, 186
クマヤナギ 74, 160
クリ 14, 164, 255, 265
クロイチゴ 36, 154
クロウメモドキ 70, 161
クロガネモチ 77, 209
クロカンバ 70, 161
クロキ 73, 192
クロヅル 84, 142
クロマツ 111, 123, 242, 260
クロミノサワフタギ 42, 191
クロモジ 52, 131

ケクロモジ 52, 131
ゲッケイジュ 51, 130
ケヤキ 40, 50, 161
ケンポナシ 63, 160, 273

コアジサイ 103, 187
コウスノキ 103, 198
コウゾ 88, 162
コゴメウツギ 100, 159
ココヤシ 249
コシアブラ 81, 211
コショウノキ 52, 177
コナラ 17, 167, 246, 253, 254,
　　　265, 270
コバノガマズミ 65, 215
コバノフユイチゴ 90, 155
コバンモチ 34, 145
コブシ 67, 128
ゴマギ（ゴマキ）59, 213
コマユミ 247, 261
コミネカエデ 109, 180
ゴヨウマツ 112, 124
コヨウラクツツジ 98, 197
ゴンズイ 61, 139

【サ行】

サカキ 62, 189
サカキカズラ 113, 202
サザンカ 25, 188
サネカズラ 45, 127
サルトリイバラ 247, 261
サルナシ 94, 195, 272, 273
サワグルミ 117, 176
サワシバ 119, 174
サワダツ 62, 141
サワフタギ 60, 192, 269
サンゴジュ 78, 215
サンショウ 55, 185

シイモチ 36, 207
シキミ 75, 127
シシアクチ 39, 193

シナノキ 243
シマエンジュ 82, 147
シマサルナシ 94, 195
シャシャンボ 104, 198
シャリンバイ 57, 152
ジュズネノキ 51, 199
シラカシ 18, 169, 270
シラカンバ 114, 173, 231
シラキ 41, 144, 269
シラタマカズラ 68, 201
シラタマノキ 103, 196
シリブカガシ 20, 166
シロダモ 57, 133, 247, 261
シロバイ 56, 192
シロモジ 27, 130
シロヤナギ 143
シロヤマブキ 81, 153

スイカズラ 100, 216, 261
スギ 116, 127, 224, 226, 228
スダジイ 15, 164
ズミ 102, 149, 254

センダン 71, 183
センリョウ 54, 133

ソテツ 24, 122
ソメイヨシノ 260
ソヨゴ 78, 209

【タ行】

タイワンルリミノキ 80, 201
タカネザクラ 79, 151
タカノツメ 84, 211
タチバナモドキ 101, 152
タチヤナギ 143
タニワタリノキ 95, 199
タブノキ 54, 132
タマサンゴ 43, 203
タマミズキ 94, 210
タムシバ 64, 128
タラノキ 104, 210, 269
タラヨウ 36, 208

タンナサワフタギ 60, 192

チシャノキ 68, 199
チドリノキ 108, 180
チャノキ 26, 188
チャンチンモドキ 26, 181
チョウセンゴミシ 45, 128
チョウセンゴヨウ 274, 275

ツガ 111, 124
ツキノワグマ 255
ツクバネガシ 19, 169
ツゲモチ 101, 210
ツタ 67, 138
ツタウルシ 44, 182
ツノハシバミ 81, 175
ツブラジイ 15, 164
ツリバナ 76, 142
ツルウメモドキ 75, 140, 245
ツルグミ 40, 160
ツルコウジ 49, 193
ツルコウゾ 88, 163
ツルマサキ 75, 141

テイカカズラ 12, 113, 202
テツカエデ 109, 181
テリハノイバラ 99, 154
テリハボク 27, 145

トウカエデ 108, 179
トウツルモドキ 51, 133
トウネズミモチ 80, 205
トキワガキ 83, 190
トサミズキ 72, 136
トチノキ 24, 181, 248, 253
トベラ 43, 212

【ナ行】

ナギ 27, 125
ナツツバキ 116, 188
ナツハゼ 89, 197
ナナカマド 85, 159, 254, 260
ナナミノキ 77, 208

ナラガシワ 17, 168
ナワシロイチゴ 93, 157
ナンキンナナカマド 85, 158
ナンキンハゼ 70, 144
ナンテン 42, 135

ニガイチゴ 93, 157
ニガキ 41, 183
ニシキギ 53, 141
ニセアカシア 243
ニワウメ 57, 150
ニワトコ 93, 212

ヌルデ 62, 183, 219, 229

ネコノチチ 71, 160
ネズ→ネズミサシ
ネズミサシ 79, 126
ネズミモチ 74, 204
ネムノキ 47, 146, 248

ノイバラ 86, 153
ノグルミ 114, 175
ノブドウ 224
ノリウツギ 96, 187

【ハ行】

バイカツツジ 103, 197
ハイノキ 42, 191
ハイマツ 247, 270, 271, 275
ハウチワカエデ 107, 178, 242
ハクウンボク 72, 195
ハクサンボク 65, 214
バクチノキ 37, 151
ハゼノキ 44, 182
ハナイカダ 36, 207
ハナガガシ 19
ハナガガシ 169
ハナズオウ 62, 146
ハナミズキ 73, 186
ハマクサギ 66, 206
ハマセンダン 89, 184
ハマナシ 86, 153

ハマナス→ハマナシ
ハマナツメ 249
ハマボウ 44, 176, 249
バライチゴ 92, 156
ハリギリ 94, 212
バリバリノキ 73, 132
ハリモミ 111, 123
ハンノキ 115, 171

ヒイラギモチ 35, 207
ヒサカキ 89, 189, 221, 224, 229
ヒトツバタゴ 37, 203
ヒノキ 114, 126, 224, 226, 228
ヒノキアスナロ 234
ヒメアオキ 269
ヒメコウゾ 219
ヒメコマツ→ゴヨウマツ
ヒメシャラ 116, 189
ヒメツバキ→イジュ
ヒメバライチゴ 91, 155
ヒメヤシャブシ 115, 173
ヒメユズリハ 73, 137
ビロードイチゴ 91, 155
ヒロハツリバナ 53, 140
ビワ 24, 148

フウリンウメモドキ 78, 210
フジ 25, 148
ブナ 20, 165, 234, 246
フユイチゴ 90, 154
フユザンショウ 55, 185
フヨウ 97, 177

ヘクソカズラ 261

ホウロクイチゴ 93, 158
ホオノキ 67, 129, 253, 269
ホソバタブ 54, 132
ボチョウジ 68, 202
ホルトノキ 38, 146
ボロボロノキ 56, 136

索引

【マ行】

マサキ 69, 141
マタタビ 94, 195
マツブサ 45, 128
マテバシイ 20, 165
マメガキ 83, 190
マユミ 52, 140
マルバノキ 75, 136
マルバルリミノキ 80, 201
マンサク 72, 137
マンリョウ 39, 193

ミズキ 39, 185, 245, 254, 269
ミズナラ 17, 168, 246, 253, 254, 255, 265, 270
ミズメ 114, 173, 225, 264
ミチノクナシ 82, 152
ミツデカエデ 108, 178
ミツバアケビ 79, 134, 224
ミツバウツギ 61, 139
ミツマタ 223
ミネカエデ 108, 178, 242
ミミズバイ 42, 191
ミヤマイボタ 76, 204
ミヤマウグイスカグラ 47, 215
ミヤマガマズミ 65, 214, 258
ミヤマシキミ 67, 184
ミヤマトベラ 73, 146
ミヤマニガイチゴ 92, 157
ミヤマハハソ 50, 135
ミヤマハンノキ 115, 172
ミヤマフユイチゴ 90, 154

ミヤマヤナギ 242

ムクノキ 61, 162
ムクロジ 26, 181
ムベ 79, 134
ムラサキシキブ 99, 206, 229, 247, 253, 261, 269

メギ 74, 134
メタセコイア 116, 127
メヒルギ 249

モクタチバナ 62, 194
モチノキ 35, 207
モッコク 38, 189
モミ 110, 123
モミジイチゴ 92, 156, 273
モモタマナ 22, 139
モリイバラ 86, 153

【ヤ行】

ヤクシマオナガカエデ 108, 179
ヤクタネゴヨウ 112, 124
ヤシャブシ 115, 172
ヤチダモ 109, 203
ヤチツツジ 104, 196
ヤチヤナギ 97, 171
ヤツデ 83, 211
ヤドリギ 63, 136, 269
ヤナギ属 117
ヤハズアジサイ 96, 186
ヤバネヒイラギモチ→ヒイラギモチ

ヤブコウジ 49, 194
ヤブツバキ 25, 22
ヤブデマリ 245
ヤブニッケイ 48, 129
ヤブムラサキ 99, 205
ヤマウルシ 44, 182, 247, 261
ヤマガキ 22, 190
ヤマグワ 100, 163, 245, 273
ヤマコウバシ 51, 131
ヤマザクラ 59, 150, 269
ヤマシグレ 64, 213
ヤマナシ 83, 152
ヤマハゼ 44, 182, 224
ヤマハンノキ 115, 172
ヤマヒハツ 84, 145
ヤマビワ 50, 135
ヤマフジ 25, 148, 248
ヤマブドウ 60, 138, 273
ヤマボウシ 43, 186, 273
ヤマモモ 34, 171

ユスラウメ 57, 151
ユズリハ 73, 137

【ラ行】

リュウキュウマメガキ 83, 190
リュウキュウルリミノキ 77, 200
リンボク 37, 151

ルリミノキ 77, 201

植物学名索引

【A】

Abies
    firma 123
    homolepis 122
Acer
    amoenum var. *amoenum* 177
    carpinifolium 180
    cissifolium 178
    diabolicum 180
    ginnala var. *aidzuense* 180
    japonicum 178
    micranthum 180
    nipponicum subsp.
        nipponicum var.
        nipponicum 181
    palmatum 177
    tschonoskii var. *tschonoskii* 178
    ukurunduense 178
Actinidia
    arguta var. *arguta* 195
    polygama 195
    rufa 195
Actinodaphne
    acuminata 132
Adina
    pilulifera 199
Aesculus
    turbinata 181
Akebia
    quinata 134
    trifoliata subsp. *trifoliata* 134
Albizia
    julibrissin var. *julibrissin* 146
Alnus
    firma var. *firma* 172
    hirsuta var. *sibirica* 172
    japonica 171
    pendula 173
    sieboldiana 172
    viridis var. *maximowiczii* subsp. *maximowiczii* 172
Ampelopsis
    cantoniensis var. *leeoides* 138
Anodendron
    affine 202
Antidesma
    japonicum 145
Aphananthe
    aspera 162
Aralia
    elata 210
Ardisia
    crenata 193
    crispa 193
    japonica var. *japonica* 194
    pusilla var. *pusilla* 193
    quinquegona 193
    sieboldii 194
Aria
    alnifolia 158
    japonica 158
Aucuba
    japonica var. *japonica* 199

【B】

Berberis
    thunbergii 134
Berchemia
    racemosa var. *racemosa* 160
Betula
    grossa 173
    platyphylla var. *japonica* 173
    schmidtii var. *schmidtii* 173
Bischofia
    javanica 145
Broussonetia
    kaempferi 163
    × *kazinoki* 162

【C】

Callicarpa
    japonica var. *japonica* 206
    mollis 205
Calophyllum
    inophyllum 145
Camellia
    japonica 187
    sasanqua 188
    sinensis 188
Carpinus
    cordata var. *cordata* 174
    japonica var. *japonica* 174
    laxiflora 174
    tschonoskii var. *tschonoskii* 174
Castanea
    crenata 164
Castanopsis
    cuspidata 164
    sieboldii subsp. *sieboldii* 164
Catalpa
    ovata 205
Celastrus
    orbiculatus var. *orbiculatus* 140
Celtis
    jessoensis 162
    sinensis 162
Cercis
    chinensis 146
Chamaecyparis
    obtusa 126
Chamaedaphne
    calyculata 196
Chengiopanax
    sciadophylloides 211
Chionanthus

retusus 203
Choerospondias
　axillaris 181
Cinnamomum
　camphora 129
　yabunikkei 129
Clerodendrum
　trichotomum var.
　　trichotomum 206
Cleyera
　japonica 189
Cornus
　controversa 185
　florida 186
　kousa var. *chinensis 186*
Corylopsis
　spicata 136
Cryptomeria
　japonica 127
Cycas revoluta 122

【D】

Damnacanthus
　indicus subsp. *indicus 200*
　macrophyllus 199
Daphne
　kiusiana 177
Daphniphyllum
　macropodum subsp.
　　macropodum 137
　teijsmannii var. *teijsmannii 137*
Dendropanax
　trifidus 211
Diospyros
　japonica 190
　kaki var. *sylvestris 190*
　lotus 190
　morriisiana 190
Disanthus
　cercidifolius 136
Distylium
　racemosum 137

【E】

Ehretia
　acuminata var. *obovata 199*
Elaeagnus
　glabra var. *glabra 160*
　umbellata 159
Elaeocarpus
　japonicus 145
　zollingeri var. *zollingeri 146*
Epigaea
　asiatica 196
Eriobotrya
　japonica 148
Euchresta
　japonica 146
Eunymus
　japonicus var. *japonicus 141*
Euonymus
　alatus var. *alatus 141*
　fortunei var. *fortunei 141*
　macropterus 140
　melananthus 141
　oxyphyllus var. *oxyphyllus 142*
　sieboldianus var. *sieboldianus 140*
Eurya
　japonica var. *japonica 189*
Euscaphis
　japonica 139

【F】

Fagus
　crenata 165
　japonica 165
Fatsia
　japonica var. *japonica 211*
Ficus
　erecta var. *erecta 163*
　microcarpa 163
Firmiana
　simplex 176

Flagellaria
　indica 133
Frangula
　crenata var. *crenata 161*
Fraxinus
　lanuginosa f. *serrata 203*
　mandshurica 203

【G】

Gamblea
　innovans 211
Gardenia
　jasminoides 200
Gaultheria
　adenothrix 196
　pyroloides 196
Ginkgo
　biloba 122

【H】

Hamamelis
　japonica var. *japonica 137*
Hedera
　rhombea 212
Helwingia
　japonica subsp. *japonica 207*
Hibiscus
　hamabo 176
　tiliaceus 176
Hovenia
　dulcis 160
Hydrangea
　hirta 187
　paniculata 187
　sikokiana 186

【I】

Idesia
　polycarpa 142
Ilex
　buergeri 207
　chinensis 208

索引

cornuta 207
crenata var. crenata 208
geniculata 210
goshiensis 210
integra var. integra 207
latifolia 208
macropoda 208
micrococca 210
pedunculosa var.
　　pedunculosa 209
rotunda 209
serrata 209
sugerokii var.
　　brevipedunculata 209
Illicium
　anisatum var. anisatum 127

【J】

Juniperus
　rigida 126

【K】

Kadsura
　japonica 127
Kalopanax
　septemlobus subsp.
　　septemlobus 212

【L】

Lasianthus
　attenuatus 201
　fordii 200
　japonicus 201
　verticillatus 200
Laurus
　nobilis 130
Leucaena
　leucocephala 147
Ligustrum
　japonicum var. japonicum 204
　lucidum 205
　obtusifolium var. obtusifolium 204
ovalifolium var. ovalifolium 204
tschonoskii var. tschonoskii 204
Lindera
　erythrocarpa 130
　glauca 131
　praecox var. praecox 130
　sericea var. sericea 131
　triloba 130
　umbellata var. umbellata 131
Lithocarpus
　edulis 165
　glaber 166
Litsea
　coreana 131
　cubeba 132
Lonicera
　alpigena subsp. glehni 216
　gracilipes var. glandulosa 215
　hypoglauca 215
　japonica 216

【M】

Maackia
　amurensis subsp. buegeri 147
　tashiroi 147
Machilus
　japonica 132
　thunbergii 132
Maesa
　japonica 194
Magnolia
　compressa 129
　kobus var. kobus 128
　obovata 129
　salicifolia 128
Mallotus
　japonicus 144
Malus
　baccata var. mandshurica 149
　toringo 149
　tschonoskii 149
Melia
　azedarach var. azedarach 183
Melicope
　triphylla 183
Meliosma
　myriantha 135
　rigida 135
　tenuis 135
Metasequoia
　glyptostroboides 127
Morus
　australis 163
Myrica
　gole var. tomentosa 171
　rubra 171

【N】

Nandina
　domestica 135
Neillia
　incisa
　　var. incisa 159
Neolitsea
　aciculata 133
　sericea var. sericea 133
Neoshirakia
　japonica 144

【P】

Parthenocissus
　tricuspidata 138
Paulownia
　tomentosa 206
Phellodendron
　amurense var. amurense 184
Picea torano 123
Picrasma

quassioides 183
Pieris
　japonica subsp. japonica 197
Pinus
　densiflora 123
　parviflora
　　var. parviflora 124
　　var. pentaphylla 124
　thunbergii 123
Pittosporum
　tobira 212
Podocarpus
　macrophyllus 125
　nagi 125
Pourthiaea
　villosa var. villosa 148
Premna
　microphylla 206
Prunus
　cerasoides var. campanulata 149
　grayana 150
　jamasakura var. jamasakura 150
　japonica 150
　levelleana 150
　nipponica var. nipponica 151
　spinulosa 151
　tomentosa 151
　zippeliana 151
Psychotria
　asiatica 202
　serpens 201
Pterocarya
　rhoifolia 176
Pyracantha
　angustifolia 152
Pyrus
　pyrifolia var. pyrifolia 152
　ussuriensis var. ussuriensis 152

【Q】
Quercus
　acuta 170
　acutissima 170
　aliena 168
　crispula var. crispula 168
　dentata 168
　gilva 167
　glauca var. glauca 166
　hondae 169
　miyagii 170
　myrsinifolia 169
　phillyraeoides 167
　salicina 166
　serrata 167
　sessilifolia 169
　variabilis 171

【R】
Rhamnella
　franguloides var. franguloides 160
Rhamnus
　costata 161
　japonica var. decipiens 161
Rhaphiolepis
　indica var. umbellata 152
Rhododendron
　pentandrum 197
　semibarbatum 197
Rhodotypos
　scandens 153
Rhus
　javanica var. chinensis 183
Rosa
　luciae var. luciae 154
　multiflora var. multiflora 153
　onoei var. hakonensis 153
　rugosa 153
Rubus
　buergeri 154
　corchorifolius 155

　crataegifolius 156
　hakonensis 154
　hirsutus 155
　illecebrosus var. illecebrosus 156
　mesogaeus var. mesogaeus 154
　microphyllus 157
　minusculus 155
　palmatus var. coptophyllus 156
　parvifolius var. parvifolius 157
　pectinellus 155
　phoenicolasius 157
　sieboldii 158
　subcrataegifolius 157
　trifidus 156

【S】
Salix
　cardiophylla var. urbaniana 144
　dolichostyla subsp. dolichostyla 143
　schwerinii 143
　triandra 143
　udensis 143
Sambucus
　racemosa subsp. sieboldiana var. sieboldiana 212
Sapindus
　mukorossi 181
Sarcandra
　glabra 133
Schima
　wallichii subsp. noronhae 188
Schisandra
　chinensis 128
　repanda 128
Schizophragma
　hydrangeoides var.

　　　　hydrangeoides 187
Schoepfia
　　jasminodora 136
Skimmia
　　japonica var. *japonica* 184
Solanum
　　pseudocapsicum 203
Sorbus
　　commixta var. *commixta* 159
　　　　matsumurana f.
　　　　　　pseudogracilis 158
Spiraea
　　chamaedryfolia var. *pilosa*
　　　　159
Stachyurus
　　praecox var. *praecox* 139
Staphylea
　　bumalda 139
Stauntonia
　　hexaphylla 134
Stewartia
　　monadelpha 189
　　pseudocamellia 188
Styphnolobium
　　japonicum 147
Styrax
　　japonicus var. *japonicus* 194
　　obassia 195
Symplocos
　　coreana 192
　　glauca 191
　　kuroki 192
　　myrtacea var. *myrtacea* 191
　　sawafutagi var. *sawafutagi*
　　　　192
　　tanakana 191
　　theophrastifolia 191
Syzygium
　　buxifolium 140

【 T 】

Taxus
　　cuspidata 125
Terminalia
　　catappa 139
Ternstroemia
　　gymnanthera 189
Tetradium
　　glabrifolium var. *glaucum*
　　　　184
Thujopsis
　　dolabrata 126
Torreya
　　nucifera 126
Toxicodendron
　　orientale subsp. *orientale*
　　　　182
　　succedeneum 182
　　sylvestre 182
　　trichocarpum 182
Trachelospermum
　　asiaticum var. *asiaticum* 202
Triadica
　　sebiferum 144
Tripterygium
　　regelii var. *regelii*
　　　　142
Tsuga
　　sieboldii 124

【 U 】

Uncaria
　　rhynchophylla var.
　　　　rhynchophylla 202

【 V 】

Vaccinium
　　bracteatum 198
　　hirtum var. *hirtum* 198
　　japonicum var. *japonicum*
　　　　198
　　oldhamii 197

　　praestans 198
Viburnum
　　dilatatum 214
　　erosum var. *erosum* 215
　　furcatum 213
　　japonicum 214
　　odoratissimum var. *awabuki*
　　　　215
　　opulus var. *sargentii* 213
　　phlebotrichum 214
　　sieboldii var. *sieboldii* 213
　　urceolatum 213
　　wrightii var. *wrightii* 214
Viscum
　　album subsp. *coloratum* 136
Vitis
　　coignetiae 138
　　ficifolia var. *ficifolia* 138

【 W 】

Wisteria
　　brachybotrys 148
　　floribunda 148

【 X 】

Xylosma
　　congestum 142

【 Z 】

Zanthoxylum
　　ailanthoides var. *ailanthoides*
　　　　185
　　armatum var. *subttifoliatum*
　　　　185
　　piperitum 185
　　schinifolium var. *schinifolium*
　　　　184
Zelkova
　　serrata 161

執筆者一覧

【編者】

小南 陽亮（こみなみ ようすけ）

静岡大学学術院教育学領域教授。森林総合研究所九州支所を経て、2004年から現職。専門は植物生態学。森林における果実と鳥の関係を主に研究しており、最近は、学校教育における森林データの活用にも取り組んでいる。著書は、『種子散布　助けあいの進化論１：鳥が運ぶ種子』（共著、築地書館）、『森林の生態学：長期大規模研究からみえるもの』（共著、文一総合出版）など。

田内 裕之（たのうち ひろゆき）

森と里の研究所主宰。元森林総合研究所森林植生研究領域長。専門は環境科学、育林学。天然林の動態解明、熱帯荒廃林再生、砂漠地植林、人工林・広葉樹林の育成、農山村の地域再生など、森林・林業を主体とした様々な研究開発を行ってきた。現在は、放棄里山の育成方法や、持続性のある森林資源の地域利用方法を確立するため、自らの手で実践検証を行っている。

八木橋 勉（やぎはし つとむ）

森林総合研究所東北支所育林技術研究グループ長。専門は森林生態学、造林学。鳥散布種子の発芽などの、動物と植物の相互作用や天然更新過程にかかわる課題と、植物の分布と環境要因の関係解析などを主な研究テーマにしている。

【執筆者】

酒井 敦（さかい あつし）

森林総合研究所四国支所人工林保育管理チーム長。ひところ埋土種子にのめりこみ、春になると芽生えばかり見ていた。2011年から現職で、魚梁瀬スギの更新の謎、絶滅危惧種トガサワラの保全、シカ生息地でのスギ・ヒノキ再造林などのテーマに取り組んでいる。主著は『森の芽生えの生態学』（文一総合出版、共著）。

高橋 香織（たかはし かおり）

クマ棚ネットワーク事務局。新潟大学大学院自然科学研究科環境システム科学専攻博士前期課程修了。専門は森林生態学、種子散布。大学院では、ランビルヒルズ国立公園でげっ歯類の貯食散布について研究を行った。ツキノワグマ由来の林冠ギャップについて共同研究中。

高橋 一秋（たかはし かずあき）

長野大学環境ツーリズム学部准教授。専門は森林生態学、森林再生、種子散布（鳥類やツキノワグマの被食散布、野ネズミの貯食散布）。動植物の相利共生関係に興味を持つ。ツキノワグマが作る林冠ギャップ（クマ棚形成とクマ剥ぎが由来）が植物の種子生産や成長に与える影響についても研究中。

竹下 慶子（たけした けいこ）

元森林総合研究所九州支所暖帯林研究室主任研究官。専門は造林学。種子散布や埋土種子の研究を長期にわたって行い、植生や人為攪乱などの違いによって、種子構成が大きく変化することを明らかにしてきた。また、多数の種子標本を作成し、それは本書図鑑の元になっている。

林田 光祐（はやしだ みつひろ）

山形大学農学部教授。エゾリスとホシガラスによる種子散布をはじめ、種子散布から発芽、実生の定着までの樹木の更新過程に及ぼす動物の影響に関する研究など、森林にすむ生物間の相互関係を明らかにして、森林の生物多様性を保全する技術の確立をめざしている。主著は『森の芽生えの生態学』（文一総合出版、共著）、『発芽生物学』（文一総合出版、共著）など。

執筆者一覧

おわりに

　果実として木に実っている時のタネは、果実や葉などの形を見れば種類の判別が可能ですが、地面に落ちたりしたものを区別することは困難でした。私たちがそのタネの検索ができる図鑑の必要性を話し合っていたのは、20世紀に遡ります。作ろうという企画案ができてからも、標本の作成、サイズの検定、検索方法の作成等の地味な作業の積み重ねで、随分の時間が経過しました。そして、図鑑のみならず、タネの生態や活用法などの情報を加えて、同定・生態・調査法がこの一冊で理解できる本へ作り上げることを目指しました。関係する皆さんには、辛抱強く待っていただいたおかげで、多くのニーズに応えられる本に仕上がったと自負しています。

　本書の「標本館」に掲載しているタネの標本収集では、当時の東北大学理学部植物生態学研究室と森林総合研究所九州支所暖帯林研究室、「事典」部分での情報提供には、森林総合研究所森林植生研究領域の皆さんの、多大なご協力をいただきました。また、本書が完成できたのは、何よりも、文一総合出版の菊地千尋さんが、遅々として進まない作業に諦めることなく尽力されたおかげです。多くの方のお名前を記することはできませんが、ご協力いただいたすべての方に厚く御礼申し上げます。

著者一同

木のタネ検索図鑑 −同定・生態・調査法−

2016年8月31日　初版第1刷発行
2017年6月20日　初版第2刷発行

編　者　小南 陽亮・田内 裕之・八木橋 勉
発行者　斉藤 博
発行所　株式会社 文一総合出版
　　　　〒162-0812　東京都新宿区西五軒町2-5
　　　　TEL：03-3235-7371　FAX：03-3269-1402
　　　　URL：http://www.bun-ichi.co.jp　振替：00120-5-42149

デザイン・DTP　岩上トモコ（ニシ工芸）
　　　　　p. 5 画像：© boygostockphoto - Fotolia
　　　　　p. 281 画像：© phloxii - Fotolia
　　　　カバー（虫眼鏡）画像：© Pavel Mastepanov – Fotolia
印　刷　奥村印刷株式会社

©Yosuke KOMINAMI, Hiroyuki TANOUCHI, Tsutomu YAGIHASHI, 2016
ISBN978-4-8299-7205-2　NDC 477　304ページ　A5判（148×210 mm）　Printed in Japan

JCOPY ＜(社) 出版者著作権管理機構 委託出版物＞　本書の無断複写は著作権法上での例外を除き禁じられています。複写される場合は、そのつど事前に、(社) 出版者著作権管理機構（電話 03-3513-6969、FAX 03-3513-6979、e-mail：info@jcopy.or.jp）の許諾を得てください。

タネの識別・生態・調査法について，もっと知りたい方のための本

● タネの発芽の生態や調べ方について，深く知りたい！

発芽生物学 種子発芽の生理・生態・分子機構〈オンデマンド版〉

種生物学会（編） 吉岡俊人・清和研二（責任編集）
A5 判　440 ページ　定価（本体 4,500 円＋税）
ISBN 978-4-8299-1072-6

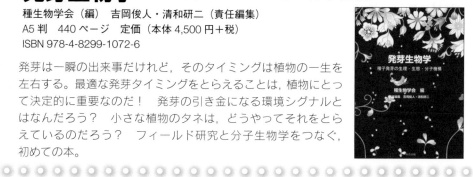

発芽は一瞬の出来事だけれど，そのタイミングは植物の一生を左右する。最適な発芽タイミングをとらえることは，植物にとって決定的に重要なのだ！　発芽の引き金になる環境シグナルとはなんだろう？　小さな植物のタネは，どうやってそれをとらえているのだろう？　フィールド研究と分子生物学をつなぐ，初めての本。

● タネから発芽した芽生えの生態について知りたい！

森の芽生えの生態学

正木 隆（編）
A5 判　264 ページ　定価（本体 3,200 円＋税）
ISBN 978-4-8299-1070-2

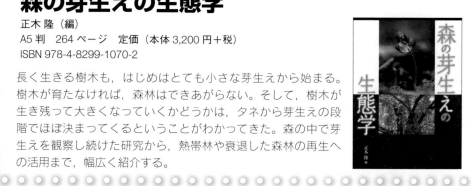

長く生きる樹木も，はじめはとても小さな芽生えから始まる。樹木が育たなければ，森林はできあがらない。そして，樹木が生き残って大きくなっていくかどうかは，タネから芽生えの段階でほぼ決まってくるということがわかってきた。森の中で芽生えを観察し続けた研究から，熱帯林や衰退した森林の再生への活用まで，幅広く紹介する。

● 森林の生態と，その調査法を知りたい！

森林の生態学 長期大規模研究からみえるもの

種生物学会（編）　正木 隆・田中 浩・柴田 銃江（責任編集）
A5 判　384 ページ　定価（本体 3,800 円＋税）
ISBN 978-4-8299-1066-5

深い森は，はるか昔から，落ち着いた姿であり続けているように感じられる。しかし，そんな印象とは裏腹に，森の中ではいつも，さまざまなドラマが繰り広げられている。何百年もの寿命をもつ樹木が主役のそのドラマは人の目ではとらえにくいが，多くの研究者の連綿と続いた協力により，少しずつ描き出されるようになってきた。その成果をまとめた。

価格は 2016 年 6 月現在のものです。

●芽生えの成長を詳しく見てみたい！

樹木の実生図鑑
芽生えと樹形形成

八田洋章（編著）　A4判上製　256ページ
定価（16,000円＋税）　ISBN978-4-8299-8840-4

実生は，樹木が環境の影響を受ける前の段階にある。その形質には，種の特性がそのまま現れるはずだ。この点に着目し，3年間にわたって成長を観察。その成果をまとめ，伸長パターンと樹形形成，生活型とのかかわりを考察した，画期的な図鑑。樹形研究や樹木の生態の基礎資料として必備の一冊。

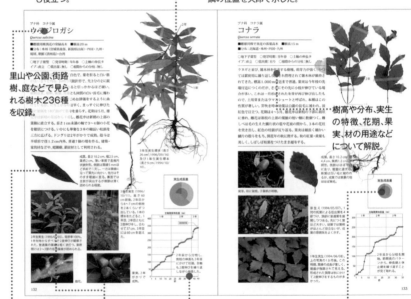

※巻頭ページには「子葉一覧（イラスト）」を収録し，実生の識別にも役立つ。

1〜3年生の乾燥実生標本のスキャン画像を掲載し，子葉節や各年の芽鱗の位置を矢印で示した。

里山や公園，街路樹，庭などで見られる樹木236種を収録。

樹高や分布，実生の特徴，花期，果実，材の用途などについて解説。

各種について成葉の写真と特徴を掲載し，子葉との違いを解説。

成長の様子を記録した写真と解説のほか，生活史の特性を示す花や果実などの写真も多数収録。

主軸の伸長経過の詳細を折れ線グラフで表示。節の数や長さからは，主軸の伸長量や開葉パターンを読み取ることができる。主軸伸長の経年パターンや側枝が出るタイミングなど，各種の傾向を解説。

3年間の主軸と側枝の伸長のバランスをひと目で把握することができる円グラフを掲載。

価格は2016年6月現在のものです。

● 野鳥が集まる実を調べたい！
野鳥と木の実ハンドブック
叶内拓哉（著） 新書判 80ページ 定価（本体1,200円＋税）
ISBN 978-4-8299-0024-6

野鳥がよく食べる実をつける身近な樹木約80種を，実の色別に配列して紹介。実の直径，色の変化の時期などの情報に加え，野鳥が実を食べている写真を多数収録。著者が実際に実を食べて書いた味レビューがユニークなハンディ図鑑。

● どんぐりとどんぐりの木のことを知りたい！
どんぐりハンドブック
いわさゆうこ（著） 八田洋章（監修） 新書判 80ページ
定価（本体1,200円＋税） ISBN 978-4-8299-1176-1

日本産のどんぐり22種を，特徴がよくわかるイラストで紹介。原寸大のどんぐり，芽生え，親木の葉，樹皮，花など，識別に役立つ写真も充実。どんぐりを利用した遊びや染め物もとりあげた，野外活動にも役立つ本。

● 種子散布を観察したい！
身近な草木の実とタネハンドブック
多田多恵子（著） 新書判 168ページ 定価（本体1,800円＋税）
ISBN 978-4-8299-1075-5

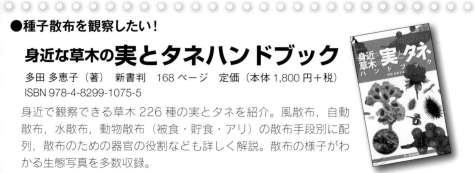

身近で観察できる草木226種の実とタネを紹介。風散布，自動散布，水散布，動物散布（被食・貯食・アリ）の散布手段別に配列，散布のための器官の役割なども詳しく解説。散布の様子がわかる生態写真を多数収録。

● 芽生えの観察法や見分けの注目点を知りたい！
身近な雑草の芽生えハンドブック1・2
浅井元朗（著） 新書判 定価（本体各1,800円＋税）
ISBN 978-4-8299-8111-5, ISBN 978-4-8299-8137-5

身近な雑草の成長過程を凝縮した写真図鑑。本葉2～3枚の小さな芽生えで雑草が識別できる！ 1, 2巻合計で約400種を収録。絵合わせで見分ける「原寸大一覧」つき。

価格は2016年6月現在のものです。